AF336450

SISTÉME

DU

MOUVEMENT,

Par M. de Gamaches Chanoine

Regulier de Sainte Croix

de la Bretonnerie.

AVERTISSEMENT.

LEs Questions qui regardent le Mouvement en general, sont tresdifficiles à resoudre, du moins quand on ne veut raisonner que sur des idées claires, & ne dire que ce qui peut être dit avec preuve; ce qu'on croit le mieux sçavoir, est souvent ce qu'on auroit le plus de peine à justifier. Je suis sûr, par exemple, qu'on se trouveroit fort embarassé si l'on avoit à faire voir qu'il y a du mouvement. C'est qu'avant toutes choses il faudroit prouver l'existence des corps: existence dont nous ne pouvons gueres nous assurer que par provision; que cela soit dit cependant sans déplaire à ceux a qui l'autorité des sens tient lieu de preuve. Il s'agit ici de philosopher, & de philosopher sur des idées claires. Je demande donc, comment pouvons-nous être sûrs que les corps existent? est-ce parce que nous les voyons? Mais pour cela il faudroit que nous les vissions en eux mêmes: Or tout Philosophe conviendra que nous ne les sçaurions voir que

par

par les Images, ou par les idées qui nous
les representent. Eh! qui peut nous affurer que ces idées, ou ces images ne se presentent point à faux à nôtre esprit.

Accordons cependant qu'il y a des corps;
faisons plus, ces corps dont nous voulons
bien passer l'existence, supposons les visi-
bles par eux-mêmes; je dis qu'avec cela
nous ne pourrions encore rien conclure de
certain sur la réalité du mouvement.
Voici pourquoi: que les objets qui se presentent à nous, soient de simples apparences, ou que ce soient les corps mesmes
que les Philosophes supposent ne pouvoir
être que répresentés; quelque supposition
que l'on fasse, il faudra toûjours convenir que les qualités sensibles qui nous font
distinguer ces objets, ne sont en eux que
des qualités apparentes, dont nous posse-
dons toute la realité. Ainsi quand il nous
paroît qu'un corps est en mouvement, que
scavons-nous, si cela ne vient point de ce
que differentes parties de la matiere nous
presentent successivement les mêmes qua-
lites sensibles? peut-être sont-ce nos sentimens qui se promenent dans les espaces
que les corps nous paroissent parcourir.
Ce n'est pas tout, je dis que dans quelque
sisteme que ce soit, le mouvement ne peut
etre

tre visible ; car un corps ne se meut que
quand il se trouve successivement en differens endroits, que quand il passe d'un
lieu dans un autre : Or il est evident que
nous ne scaurions le voir que dans un seul
endroit à la fois : Nous ne le voyons donc
point changer de place, nous nous ressou-
venons seulement qu'il en a changé ; mais
comment nous en ressouvenons-nous ? c'est
par une idée presente, qui à la rigueur
pourroit exister, sans qu'il y eut jamais
eu rien de semblable à ce que nous croyons
qu'elle nous rapelle.

Après tout, je conviens que ce ne sont
là que des doutes philosophiques, on se
mocqueroit de quiconque voudroit s'y ar-
reter. Aussi pour eviter le ridicule, vaut-
il souvent mieux croire sans preuve, que
de douter avec raison. Sur ce pied-là,
je passe la realité du mouvement ; mais
on demande quelle est sa nature, quelle
est sa cause, & comment il se communique : ce sont trois questions que je vais
essayer de resoudre. Si je m'eloigne en
quelque chose des sentimens reçus, ou
même juridiquement approuvés, ce ne
sera point par affectation : J'userai seulement de la liberté qu'ont les Philosophes, de ne prendre que la raison pour gui-
de

de, lors qu'il s'agit de philosopher ; c'est un
privilege qui leur est acquis, & peut-etre
ne trouvera-t-on pas mauvais que j'en
veüille joüir avec eux. Quoi-qu'il en
soit, je crois devoir avertir qu'il est necessaire de se rendre attentif, il faut que
j'entre dans des raisonnemens metaphisi-
ques, & l'on sait que ces sortes de raisonnemens sont moins faciles à suivre que ceux
qui roulent sur les choses dont on est frapé,
ou sur les idées palpables de ce qui se compte, ou de ce qui se mesure. Il nous en
coûte pour nous fixer à ce qui se dérobe
à nos sens, & à nôtre imagination : ce
qui n'est que l'objet de l'esprit pur, semble n'avoir point de prise pour nous. Cela
ne nous fait en verité pas d'honneur, & il
est étonnant qu'apres d'aussi grands maitres que ceux que nous a fourni nôtre siecle,
nous n'ayons point encore acquis la facilité de nous elever au dessus des conceptions communes : Si ce n'est pas nôtre
faute, nous en sommes plus à plaindre ;
mais du moins nôtre attention dépend-t-
elle de nous : donnons la donc à ce que
nous avons à rechercher ici.

DISSERTATION.

Comme les principes de la nature ont un enchaînement nécessaire, je crois qu'avant que d'entamer les questions qui regardent le Mouvement, il est à propos que nous examinions ce que c'est que la matiere, & quelle est son essence. Les premiers principes sont toûjours les plus feconds, & ceux qu'il importe le plus d'éclaircir. On refuse quelquefois de s'y arrêter ; c'est un effet de l'impatience naturelle de l'esprit humain. Quelquefois aussi affecte-t-on de les negliger, parce qu'ils sont difficiles à saisir ; c'est un détour de l'amour propre. Pour nous, prenons la voïe la plus sûre, & conduisons ici nos reflexions avec ordre.

On convient déja de ces deux principes ; l'un, que tout ce qui est, est ou substance ou mode ; l'autre,

A

que

que comme une substance est, ainsi
que le mot le porte, ce qui subsiste
par soi-même, on peut toûjours la
concevoir seule, & comme isolée;
au lieu qu'une modalité n'étant qu'u-
ne maniere d'etre d'une substance, l'i-
dée qui la represente renferme nécessairement celle de la substance dont elle est la modalité. Or voilà tout ce
qu'il nous faut pour découvrir quelle
est l'essence des corps; car comme il
n'y a point de matiere qui ne soit étenduë, il faut nécessairement que l'étenduë soit un mode des corps, ou qu'elle
en soit elle-même la substance, mais il
est certain d'un autre côté que l'étenduë peut être aperçuë seule, qu'on
peut penser à des espaces, qu'on peut le
les representer, sans que l'idée qu'on
s'en forme tienne par elle-même à
aucune autre idée: l'étenduë ne doit
donc point être mise au rang des
simples modalités; c'est donc une
substance; c'est donc la substance
même des corps.

Mais si les corps ne sont que de
l'étenduë, il faut que toutes leurs
proprietés se reduisent à des figures,
& à des changemens de rapports de
distan-

diſtance; Car l'idée de l'Etenduë ne
nous offre rien de plus. Ainſi nous
nous trompons, quand nous croyons
que la lumiere, les couleurs, les ſons,
les odeurs appartiennent en propre à la
matiere: ce ne ſont que les impreſſions
ſenſibles, que les objets exterieurs font
ſur nous, & que nous leur raportons
par un jugement naturel. Je dis la même choſe de la peſanteur, de la force, & des tendances; ce ne ſont que
les ſentimens penibles qui nous ſont
occaſionés par les corps que nous
voulons faire changer de ſituation,
ou qui nous en font changer nous-
mêmes: ſentimens que nôtre imagination transforme en qualités ſenſibles; auſſi éprouvons-nous que ces
ſortes de qualités ſe fortifient ou s'af-
foibliſſent ſelon que les parties orga-
niques de nôtre corps ont plus ou
moins de ſolidité, ſelon, que les eſprits qui les animent y coulent ou
plus ou moins abondament.

Mais une erreur encore plus groſ-
ſiere, c'eſt celle où nous tombons,
quand de nos ſentimens ainſi trans-
formés, nout en faiſons un principe
actif dans la matiere. Cette erreur

 toute

toute groffiere qu'elle eft, ne laiffe
pourtant pas d'être difficile à éviter:
c'eft que nous apercevons le mouvement fans que fon principe fe manifefte: Or nous voulons tout fçavoir
& tout entendre ; ainfi quand la
caufe d'un effet qui nous frape ne fe
prefente point à nous , nous aimons
mieux rifquer de la metre où elle
n'eft pas, que de nous refoudre à
l'ignorer.

Tâchons donc de ne nous point
méprendre ici par un jugement pré-
cipité: confultons avec atention l'i-
dée de la matiere , nous nous apercevrons bien-tôt qu'elle ne nous offre rien que de paffif , & que nous
n'avons droit d'attribuer aux corps
qui s'arrangent entre eux dans un
ordre déterminé, que la même vertu
que nous atribuerions à leurs images
aperçûes dans un miroir où nous leur
verrions prendre les mêmes arrangemens ; ne nous trompons point, la
loi fur laquelle ces arrangemens feroient reglés, eft tout ce qu'on peut
raifonnablement apeller force ou vertu dans les corps: c'eft que, comme
je l'ai déja dit , nous ne pouvons
trou-

trouver dans la matiere que des figures & de simples changemens de raport de distance : c'est là à quoi se
reduisent toutes les qualités que nous
sçavons sûrement lui appartenir ;
mais supposé qu'il fut possible que
quelque chose de plus lui appartînt
à nôtre insçû, du moins serions nous
sûrs que ce ne seroit rien de semblable à ce que nos sens & nôtre imagination y mettent ; car prenons y
garde, il n'est nullement nécessaire
de connoître toutes les qualités qu'u-
ne chose peut avoir, pour être fondé a donner l'exclusion à celles que
sa nature lui refuse. Supposons, par
exemple, qu'on ne connût pas toutes les proprietés du Cercle, cela
empêcheroit-il qu'on ne pût s'assurer
que la pensée n'est pas du nombre de
celles qui lui conviennent ? nullement ; pourquoi cela ? c'est que toutes les proprietés qu'une chose peut
avoir, étant son essence même considerée sous differens régards, il faut
de necessité qu'elles soient toutes du
même genre: Or il est évident que
la pensée est d'un genre tout different
de ce que nous voyons couler de l'es-

sen-

fence du Cercle. Je raifonne de même fur ce qui regarde la matiere; je
dis que , puifque la force & les efforts n'ont rien de commun avec les
qualités que nous lui connoiffons,
nous ne devons leur donner aucun
rang parmi elles; & ce que je dis,
je l'étens à toutes les qualités fenfibles, qu'on fçait n'avoir aucun raport
ni avec des figures, ni avec des
mouvemens : feules proprietés que
nous offre l'idée de l'étenduë.

Voilà donc la matiere entierement
dépoüillée de tout ce qui en diftin-
gue, ou en caracterife les differentes
parties; mais dans cet état que de-
vient-elle? ne feignons point de le
dire, elle devient précifément ce que
le commun des Philofophes defigne
par le mot de *vuide* : car le vuide,
de la maniere même dont ils le con-
coivent, eft réellement un efpace
qui a des parties de differentes figures & de differentes grandeurs; des
parties réellement diftinguées les u-
nes des autres, & qui fubfiftent par
elles-mêmes, ce qui reffemble déja
fort à la matiere. Ajoutons à cela
que ces parties n'ayant entr'elles aucun

eun arrangement qu'on puisse supposer néceffaire, rien n'empêche que
l'Auteur de la nature ne les dérange,
quand bon lui semble; ainsi le mouvement convient encore aux espaces
qu'on prend pour le vuide. Que
manque-t il donc à ces espaces pour
nous paroître des corps? il leur manque de se presenter à nous revêtus de
qualités sensibles, mais c'est à nos
sens & à nôtre imagination à les en
revêtir.

Tout est masqué pour nous dans
la nature: l'Univers est un spectacle
où tout nous fait illusion, & ce qu'il
y a de fâcheux, c'est que la premiere
forme sous laquelle nous le voyons,
fait en quelque maniere l'unique regle de nos jugemens. Dans l'enfance, il nous semble que l'espace qui
nous separe des corps celestes, est
un grand vuide, qui peut se mesu-
rer, & qui a des parties; mais nous
ne prenons point cela pour de la matiere. Il est vrai que l'experience
nous oblige ensuite à revenir un peu
de ce prejugé: Nous voyons que
l'air qui nous environne, agite souvent les corps sensibles; & puis il

nous

nous paroît qu'il a du reſſort. Nous voyons outre cela que les rayons de la lumiere s'étendent ſans interrupti-on depuis les corps qui les pouſſent juſqu'à nous, qu'ils ſe reflechiſſent ſur ceux qui s'oppoſent à leur paſſa-ge, & qu'ils ſe rompent dans les dif-ferens milieux par où ils paſſent. Nous voyons auſſi que, lorſque nous les raſſemblons, ils ébranlent, ils a-gitent même violemment les parties des corps qui ſe trouvent au point de leur réunion. Ainſi il nous a fallu admetre de la matiere où nous n'en ſoubçonnions pas; mais c'a été com-me malgré nous; & même à préſent nous ne l'admetons que le moins qu'il nous eſt poſſible. Nous ne ſçaurions nier que les corps ſur leſquels nos ſens n'ont point de priſe, ne nous paroiſſent toûjours un peu moins corps que les autres: Il ſemble que nous ne leur acordions qu'une demi réalité. Il n'y a guéres que ce qui nous frape que nous regardions vo-lontiers comme ſubſtance. Quelque déſabuſez que nous penſions être, il eſt certain qu'un bloc de marbre nous paroîtra toûjours quelque choſe

de

de plus qu'un pareil volume de matiere étherée. J'avoüe que cette erreur n'est que dans nôtre imagination; nôtre esprit la rejette; mais de
quelle maniere? c'esten nous four-
nissant d'autres fausses idées, qui, à
la honte de la Philosophie, ont trouvé grace dans l'école. On admet le
vuide comme possible, ou bien même on le suppose existant, & l'on en
fait le lieu des corps, comme si deux
étenduës pouvoient se penetrer, &
être reduites à n'en faire plus qu'u-
ne.

Ces deux erreurs étoient pourtant
generalement répanduës, quand M.
Descartes parut. Ce grand homme
entreprit de nous dévoiler la nature;
ce ne fut pas une petite entreprise.
Il falloit convaincre le genre humain
d'ignorance: Aussi quelle contradiction n'eut-il pas à essuyer? Ce ne
fut pas simplement parmi le peuple
qu'il trouva des obstacles à l'établis-
sement de la verité, ce fut principa-
lement parmi les sçavans, parmi
ceux qui se trouvoient en possession
d'instruire les autres, & qui avoient
reduit en Dogmes les prejugez vul-

A 5   gaires,

gaires. Ce font prefque toûjours les
fçavans, ceux qui le font de profef-
fion, qui retardent le plus le progrès des Sciences; Ils ne veulent
rien apprendre de leurs Contempo-
rains; il en coûteroit à leur vanité:
ceux dont ils font trop proches, leur
font ombrage; & puis le moyen de
recommencer à penfer fur nouveaux
frais? On veut joüir de ce qu'on a
aquis, & quand une fois on a fa provifion d'idées, on cherche à fe repofer; on a trop de peine à défapren-
dre; ceux qui ne fçavent encore rien,
en ont moins à s'inftruire: Auffi la
Philofophie de M. Defcartes ne
commença-t-elle à s'acrediter que
quand les Scavans deja formés, com-
mencerent à faire place à ceux qui fe
formoient. Il ne joüit point du fruit
de fon travail; la verité ne triompha
que par le zele de ceux qui le fuivirent; il ne fut pas témoin du des-
honneur de ceux qui l'avoient com-
batuë; car les faux fcavans furent
degradés; quel nom en effet leur re-
fte-t-il parmi nous? Si M. Defcartes
eût prévû cela, je fuis fûr qu'il n'eût
fait grace à aucune erreur philofo-
phi-

phique; mais ceux à qui il avoit affaire, l'intimidoient; il craignoit
leurs préventions, & peut-être leur
manque d'intelligence; il en convient lui-même dans une de ses Let-
tres: il lui paroissoit qu'il n'avoit déja que trop choqué les préjugez; selon lui il n'étoit pas à propos de tout
dire, il falloit user de ménagemens;
il en usa donc, & ce fut principale-
ment sur ce qui regarde le mouvement qu'il scavoit être purement relatif, & ne pouvoir rien renfermer
d'absolu; mais qu'arriva-t-il? C'est
qu'en déguisant aux autres la verité,
il se la déguisa insensiblement à lui-
même, & il en fut puni: car dès
l'entrée de sa Phisique, il tomba
dans des erreurs marquées sur les
Loix des communications des mouvemens: erreurs qu'il eût évitées sans
peine, s'il eût rapellé ses propres
principes, & qu'il eût osé les suivre.

Ce qui m'étonne, c'est qu'entre
ceux qui se déclarent ses Partisans,
à peine en trouve-t-on qui ayent
voulu lui tenir compte des ouvertu-
res qu'il nous donne sur la nature du
mouvement. Cependant les dégui-

sefemens ne font plus néceſſaires ; la raiſon joûit preſentement de tous ſes droits ; on n'eſt plus ſcandaliſé de voir les Philoſophes faire tête aux erreurs populaires. D'où peut donc venir l'infortune du mouvement relatif? pour quoi n'eſt-il pas encore en honneur dans la Philoſophie Carteſienne? Je n'en ſcais rien, tout ce que je ſcais, c'eſt qu'avec un peu de juſteſſe d'eſprit on s'apercoit aiſément que les principes qui ſervent de fondement à cette Philoſophie, ſont directement contraires à l'opinion du mouvement abſolu.

En effet afin qu'un corps pût être abſolument en mouvement, il faudroit qu'il eût quelque *qualité intime*, ou du moins quelque *relation externe*, qui le diſtinguât de ceux qu'on regarde comme en repos; mais c'eſt ce qu'on ne peut ſupoſer dans le Siſtême établi par M. Deſcartes; car premierement s'il n'y a dans la matiere nulle force, nul effort, nulle tendence, en un mot nul principe actif, quelle eſpece de qualité pouroit-on metre dans les corps qu'on dit ſe mouvoir d'un mouvement abſolu?

folu? quelle vertu, quelle entité re-
cevroient ils à l'exclufion des autres?
On dit qu'ils recoivent l'action de
Dieu; car prefentement on convient
affez volontiers que Dieu feul peut
mouvoir les corps, & ce n'eft pas
peu qu'on veüille bien fe refoudre à
profcrire les caufes fecondes; mais je
demande: qu'entend-t-on par l'action de Dieu recuë dans les corps?
cela ne fe dit pas de fa volonté par
laquelle feule il agit; cela ne fe peut
dire que de l'effet que produit fa volonté: Or cet effet, les Cartefiens
en conviennent, ne peut être ni une
qualité infime, ni une nouvelle entité
ajoûtée à la fubftance des corps mûs;
ce n'eft donc qu'un fimple changement de raport de diftance; changement neceffairement reciproque.
Mais on infifte, & l'on dit que
quand ces fortes de changemens s'o-
perent, la volonté de Dieu s'applique directement à de certains corps,
pendanr qu'elle n'eft apliquée qu'in-
directement aux autres. Si je détail-
le ici une pareille objection, on me
le doit pardonner; il faut bien donner quelque chofe à la reputation de

A 7

ceux

ceux qui la font ; je dois les servir à
à leur mode, & si je ne le faisois
pas, peutêtre s'en feroient ils un titre pour autoriser leurs préventions.
Je repond donc que ce que disent
ceux qui philosophent ainsi, ne peut
au plus être regardé que comme une
simple hypotêse, dont ils n'ont nul
droit de se prévaloir ; ils devinent,
à moins qu'ils n'ayent sur ce point
quelque revelation qui nous manque.
Je dis de plus que ce qu'ils veulent
que nous croyons sur leur parole,
ou sur la foy de leurs préjugez, est
injurieux à la divinité. Ils humanisent Dieu dans ses operations. Nous,
parce que nous sommes bornés, &
que nous n'operons rien, comme
causes veritables, nous pouvons vouloir qu'un corps change de raport de
distance avec un autre sans apliquer
nôtre volonté, sans même fixer nôtre esprit à tous les differens raports
qui naissent du changement que nous
voulons operer. Mais il n'en est pas
ainsi de Dieu ; nous devons croire
qu'il apercoit d'une simple vûë tout
ce qu'il fait, & que sa volonté s'a-
plique directement à tout ce qu'elle
ope-

opere : & puis ce n'eſt point du tout
là dequoi il eſt queſtion préſente,
ment. Il ne s'agit point ici de la cauſe
du mouvement, il s'agit de ſa nature; il s'agit de ſcavoir ſi le mouvement conſideré en lui-même ſupoſe
quelque *qualité intime* dans les corps
qui ſont cenſés ſe mouvoir: mais on
void bien que c'eſt ce que les Philoſophes modernes n'auroient garde
d'admetre; ils démentiroienr l'idée
qu'ils nous donnent eux-mêmes de la
matiere. Il ne faut ni vouloir ſe tromper de gayeté de cœur, ni prétendre
nous donner le change. Il eſt manifeſte que chercher ce que c'eſt que
le mouvement, c'eſt chercher ce
qu'il eſt dans les corps mêmes, c'eſt
chercher quel eſt l'effet que produit
la cauſe motrice quelle qu'elle puiſſe
être, & de quelque maniere qu'on
la ſupoſe determinée : or dès qu'on
reconnoît que cet effet n'eſt dans la
matiere qu'un ſimple changement de
raport de diſtance, on eſt obligé de
convenir qu'il n'y a rien que de relatif & de réciproque dans ce qui conſtitue la nature du mouvement. Tour
faux-fuyant ſeroit inutile ici, & même

me il fieroit mal à des Philofophes
de bonne foi de vouloir fauver une
meprife aux dépens de ce qu'ils doivent à l'évidence.

Mais il me refte à faire voir qu'on
ne peut pas non plus déterminer l'é-
tat des corps par aucune *relation externe*, quand une fois on fupofe qu'il
n'y a point d'autre étendue que celle
de la matiere; ainfi c'eft encore aux
Cartefiens, * que je parle: car pour
les autres Philofophes, qui fe figurent que la matiere eft renfermée
dans des efpaces immobiles, ils fe
réprefentent les corps qu'ils difent fe
mouvoir, comme repondant fucceffivement à differentes parties de ces
efpaces, & ceux qu'ils fupofent en
repos comme repondant toûjours
aux mêmes. Ainfi voila, felon leur
maniere de penfer, des relations ex-
ternes, propres à déterminer l'état
de chaque corps en particulier: il
n'eft

* *Ceux que j'apelle Cartefiens, ce ne font
pas les gens fervilement attachés à tous les
fentimens de M. Defcartes; ce font les Philofophes qui reconnoiffent que la matiere n'eft
capable que de figures, & de changemens de
raports de diftance.*

n'eſt donc pas étonnant que ces gens-
là admetent le mouvement abſolu ;
ils ont dequoi le déſigner : ſileurs
idées ſont fauſſes, du moins ſont-
elles aſſorties ; mais ceux qui ſçavent
que le lieu des corps ſont les corps mêmes, de quelles relations, de quels
raports ſe ſerviront-ils pour nous
faire trouver quelque choſe d'abſolu
dans le mouvement ? car enfin on ne
ſçauroit diſconvenir que l'idée du
mouvement abſolu ne renferme celle
d'un lieu fixe & immobile, aux dif-
férentes parties duquel les corps mûs
ſont ſucceſſivement appliqués ; mais
ce lieu immobile, ce lieu fixe, où
le trouver dans la nature, s'il n'y a
point d'autre étenduë que celle de la
matiere ? Les Carteſiens n'ont appa-
remment pas fait attention à cela,
mais ceux qui y ont penſé, & qui
l'ont fait ſans abandonner l'opinion
commune ſur la nature du mouvement ; je le dis, ces gens-là n'ont
en verité aucun reproche à faire aux
Partiſans de l'ancienne Philoſophie.
Il eſt moins honteux d'avoir de faux
principes, quand on peut les ſuivre,
que d'en avoir de bons, & de n'en
ſca-

ſçavoir pas faire uſage : ſouvent on
penſe bien par hazard ; mais il faut
avoir l'eſprit juſte pour raiſonner
conſequemment. Nous aurions cependant tort de nous décourager ;
les mêmes idées ne prennent pas toûjours avec la même facilité dans tous
les eſprits ; mais le tems amene tout,
& tôt ou tard la verité diſſipe les
préjugez qu'on lui oppoſe. Continu-
ons donc à éclaircir les raiſons qui
juſtifient le mouvement réciproque
& relatif.

Les corps qu'on dit en mouvement, & ceux qu'on dit en repos,
ont toûjours la même relation au *lieu
interieur* qu'ils ocupent ; car ce lieu,
c'eſt l'étenduë même qui conſtitue
leur nature. Un corps ne peut donc
avoir d'état déterminé que relativement aux autres corps qui l'environnent, & qui lui ſervent de *lieu exterieur*, ou ſi l'on veut de lieu Phiſique. Cela eſt clair pour les Philoſophes à qui je parle ; c'eſt leur principe même que j'expoſe ; ils ne peuvent pas le méconnoître : je n'ai donc
plus qu'à montrer que de là ſe tire
néceſſairement le mouvement relatif

&

& réciproque: Mais rien n'est plus
facile. On void d'abord que la maf-
se totale de la matiere ne peut être
ni en repos; car qui dit repos ou
mouvement, dit comme on en convient, relation à quelque chose d'exterieur: Or que pourroit-on supofer
au de-là de l'étenduë? Mais si l'état de
la maffe de la matiere n'eft point déterminé, celui de fes parties ne peut
l'être non plus; l'un eft une suite néceffaire de l'autre. Il eft vrai que
chaque corps particulier comparé à
chacun de ceux qui l'environnent, &
qui lui fervent de lieu Phifique a neceffairement differens états relatifs,
& cela tout à la fois; il n'y en a point
qu'on ne puiffe dire être en même
tems, & en repos & en mouvement,
& avoir toutes les directions & tous
les differens degrez de viteffe deter-
minez dans l'ordre de la nature. Ce
n'eft pas tout, car les corps fe fervant
mutuellement de lieu exterieur la dé-
termination de leur état doit auffi ê-
tre mutuelle: Ainfi quandils changent entr'eux de raports de distance,
le mouvement eft néceffairement reciproque, & ne peut être attribué
aux

aux uns plûtôs qu'aux autres que par
fupofition. Tout cela fuit néceffairement des principes que j'ai d'abord
établis, & qu'on fcait être le fondement de la nouvelle Philofophie.

Je reviens donc à ma propofition
generale, & je dis qu'avec un peu de
juftefle d'efprit on s'apercoit aifément que les principes de cette Philofophie une fois recûs, il n'eft plus
permis d'admetre le mouvement abfolu : pourquoi les Philofophes de
l'ancienne école l'admetent-ils? c'eft
qu'ils croyent que les corps qu'ils fupofent fe mouvoir, ont en eux une
force que n'ont pas les autres, ou
bien ils fe figurent que ces corps font
fucceffivement appliquez à differentes parties d'un efpace fixe & diftingué de la matiere; mais fuppo-
fons que fans changer de principes,
ils allaffent s'avifer de conclure que
tout mouvement eft relatif & réciproque, je fuis fûr que nous ne trou-
verions pas que cela dût faire honneur à leur jugement: Or mettons-
nous préfentement à leur place, &
voyons ce qu'eux-mêmes peuvent
penfer, qnand ils voyent un Cartefien
pri-

priver les corps de toute vertu, de
toute force, & puis ne vouloir aucune étenduë diftinguée de la matiere,
& par conféquent ne reconnoître aucun lieu fixe dans la nature, & malgré cela admettre le mouvement abfolu, & prononcer en fa faveur : on
voit bien qu'il n'eft pas poffible que
les Partifans de l'ancienne Philofophie ne foient alors furpris de cette
nouvelle maniere de philofopher ; car
c'eft penfer le pour & le contre tout
à la fois ; c'eft vouloir qu'il n'y ait
rien ni *dans les corps* ni *hors des corps*
qui détermine leur état, & décider
en même temps que leur état eft determiné.

Les Cartefiens qui s'accommodent
d'une pareille difparate, ne contri-
bueront certainement pas à relever
le merite de la Philofophie de M.
Defcartes : Nous nous pafferions vo-
lontiers d'avoir de tels ajoints : par
eux les fectateurs d'Ariftote & d'E-
picure ont préfentement de l'avantage fur nons ; nous leur reprochons
des préjugez, mais ils peuvent nous
reprocher des contradictions ; & le
malheur, c'eft que quand un Philofophe

fophe a de fauſſes idées, on ne peut
pas le convaincre abſolument qu'il
penſe mal, au lieu que quand il tire
des conſequences contraires à ſes
principes, dès lors il eſt convaincu
de ne ſçavoir pas philoſopher.

Deſavoüons donc pour nôtre honneur ceux qui ſe mettent au rang des
nouveaux Philoſophes, ſans rejetter
le mouvement abſolu; renvoyons les
à l'ancienne philoſophie de l'école;
il eſt même de leur interêt d'en adopter les principes; ils ne peuvent ſe
juſtifier que par là. Il eſt vrai que
d'illuſtres defenſeurs du Carteſiani-
ſme ſe ſont quelquefois prêtés aux
idées communes en parlant du mouvement, & je n'en ſuis point ſurpris:
il ſe peut fort bien faire que des perſonnes d'eſprit, que de grands hommes même, ne tirent pas toûjours
de leurs principes tout ce qu'il eſt
poſſible d'en tirer. On ne peut éclaircir que ce qu'on examine, & il y a
ſouvent des choſes qu'on ne s'aviſe
pas d'examiner. Mais ce qui doit
nous ſurprendre, c'eſt que des Philoſophes, après s'être ſuffiſament in-
ſtruits des deux opinions qui nous
par-

partagent fur la nature du mouvement, fe foient eux mêmes trahis en
prononçant en faveur de celle qui
renverfe manifeftement leur fiftême:
quel befoin avoient-ils de fe commet-
tre en rifquant leur jugement? per-
fonne n'exigeoit d'eux cet eflai d'in-
fuffifance. Je conviens qu'on a de la
peine à fe repréfenter les corps dans
un état indéterminé: cela étonne
l'imagination, cela la bleffe même;
mais l'idée, dont celle-ci eft une
dépendance néceffaire, eft-elle moins
difficile à faifir? en coûte-t-il moins
pour gagner fur foi, de ne mettre
aucune différence entre l'efpace &
la matiere? Cependant ceux de qui
nous parlons fe font rendus fur ce
point: on ne doit pas à la verité leur
en faire un merite; ils ont trouvé la
Philofophie de M. Defcartes en credit, & ils ont fçû en apprendre les
principes. Quand ces gens-là fe déterminent à croire, c'eft toûjours fur
la foi du grand nombre, encore leur
faut-il des garants accredités: toute
nouvelle induction de la doctrine
même qu'ils profeffent, leur paroîtra
toûjours fufpecte: c'eft qu'ils n'ont
que

que des idées empruntées , dont ils
ne ſcavent pas ſe rendre maîtres.
Mais tous les Carteſiens ne leur reſ-
ſemblent pas : il s'en trouve à qui il
eſt donné de pouvoir penſer par eux-
mêmes , & il n'eſt pas poſſible qu'au-
près de ceux-ci le mouvement relatif ne ſoit pleinement juſtifié. Ne
laiſſons pourtant pas de l'éclaircir
encore , & d'en déveloper la nature.

Tout bon Philoſophe convient
preſentement avec les Theologiens,
que la conſervation des Eſtres créés,
eſt une émanation de la toute puiſſance de Dieu, que c'eſt une ſuite non-
interrompuë de réproductions, une
création continuellement réiterée :
Or ce principe poſé , répreſentons-
nous la matiere dans le premier inſtant , où il plaît à Dieu qu'elle exiſte ; tout ce que nous voyons alors,
c'eſt que les parties qu'elle renferme
ſe trouvent rangées dans un ordre
purement arbitraire. Auſſi à cet ordre en voyons-nous bien-tôt ſucce-
der un autre, & plus un autre encore , & ainſi de ſuite : c'eſt-à-dire
qu'il nous paroît que chaque nouvelle
créa-

création nous donne un nouvel arrangement, & qu'il n'y a point d'instant où l'action de Dieu ne tombe
sur toutes les parties de la matiere à
la fois. Mais que nous faudroit-il
de plus pour fixer nos idées ? il me
semble que nous voilà présentement
en état de sentir que les corps qu'on
dit en mouvement, n'ont rien qui
les distingue de ceux qu'on regarde
comme en repos, ou bien il faudroit
que nous nous figurassions que pendant que les uns seroient successivement créés dans differens endroits
d'un espace fixe & immobile, & par
conséquent distingué de la matiere,
les autres se trouveroient continuellement recréés dans les mêmes endroits de ces espaces; ce qui ne ca-
dreroit plus avec les saines idées de
la nouvelle Philosophie : car selon
nous la matiere considerée dans sa
totalité, n'est placée nulle part; elle
n'est renfermée qu'en elle-même.
Tout nous oblige donc de reconnoitre que les corps ne peuvent avoir
d'état déterminé que relativement les
uns aux autres, & qu'ainsi tout mouvement est par lui-même respectif &
réciproque. *B* En

En effet il eſt évident que dès que Dieu reproduit un corps en le met‑tant dans une nouvelle ſituation à l'é‑gard du reſte de la matiere, il faut, ſelon le principe reçû, qu'il repro‑duiſe auſſi le reſte de la matiere, en lui faiſant changer de ſituation à l'é‑gard de ce corps. En ſorte que tout ce qu'on peut alors ſupoſer d'un cô‑té, on peut également le ſupoſer de l'autre.

Mais je ne dois pas diſſimuler deux difficultés ingenieuſes, dont on de‑mande la ſolution, pour éclaircir da‑vantage la nature du mouvement; voici la premiere: elle eſt un peu métaphiſique. On dit, tout chan‑gement de raport ſemble ſupoſer un changement abſolu. Il eſt ſûr, par exemple, qu'aucun raport de gran‑deur ne peut changer qu'il n'y ait ou une augmentation réelle, ou une di‑minution effective du côté des quan‑tités comparées; il ſemble donc auſ‑ſi que quand les corps changent en‑tr'eux de raports de diſtance, il doi‑ve arriver quelque changement ab‑ſolu dans leur état. On ne peut pas nier que ce raiſonnement n'ait quel‑que

que chofe de fpécieux. Cependant en y regardant de près on s'aperçoit aifément que la parité qu'il renferme n'eft point exacte, & qu'elle impofe. En effet dans un changement de raport de grandeur, on n'a que les quantités comparées, fur quoi puiffe tomber le changement abfolu qui fert de fondement à la nouvelle rélation; mais dans un changement de raport de diftance, fi l'on a deux corps qui s'aprochent ou qui s'éloignent l'un de l'autre, on a auffi l'efpace qui les fepare, & qui par fes extentions & par fes rétreciffemens détermine leurs differens états relatifs. Ainfi ce n'eft point du côté des corps, c'eft du côté de cet efpace qu'il faut chercher le changement abfolu qu'on veut trouver dans le mouvement. Repréfentons nous deux corps éloignés l'un de l'autre; & puis fupofons que l'efpace par lequel ils feroient feparés fût tout d'un coup anéanti: on voit bien qu'alors les deux corps venant à fe toucher, changeroient d'état relatif fans que leur nouvelle relation fupofât de leur côté aucun changement abfolu. On voit auffi qu'il en

fe-

feroit de même, fi après leur union un nouvel efpace créé venoit tout à coup à les féparer. Or je dis que cela répréfenteroit parfaitement l'état où font les chofes, car la matiere eft anéantie pour tout lieu où elle ceffe d'être, & elle eft créée pour chaque lieu qu'elle vient ocuper ; mais qu'on voulût avoir la caufe des differentes relations fucceffives que les corps ont entr'eux, je dis qu'il faudroit la chercher dans l'action de Dieu, qui felon nos principes, tombe à chaque inftant fur toutes les parties de la matiere à la fois, & les affujetit à une fuite d'arrangemens variés, d'où naiffent leurs differens états relatifs.

Venons préfentement à la feconde difficulté : Elle tombe fur le mouvement confideré comme réciproque ; la voici telle qu'on la propofe : que nous nous determinions à changer de fituation par raport à nôtre lieu phifique, auffi-tôt nous en changeons ; mais que ce foit nôtre lieu phifique que nous voulions faire changer de fituation par raport à nous, l'acte de nôtre volonté n'eft alors

fuivi

suivi d'aucun effet : pourquoi donc
cette difference ? d'où peut elle venir? car enfin si le mouvement est
réciproque, tout doit l'être du côté
de sa cause. De pareilles difficultés
meritent d'être proposées; aussi me-
ritent-elles d'être éclaircies. Je reponds donc qu'à la verité tout doit
être reciproque dans la cause qui
produit le mouvement; mais nôtre
volonté ne le produit pas; elle ne
peut que l'occasionner : or toute cause occasionnelle est d'une institution
purement arbitraire; & il est établi
qu'afin que nous puissions figurer à
nôtre gré avec les parties de nôtre
lieu phisique, il faut que nôtre volonté s'aplique directement à nous.
Au reste quand des corps changent entr'eux de relation, il ne faut
pas croire que ceux du côté desquels
est la cause du changement, soient
les seuls qui puissent être censés se
mouvoir : cela seroit bon, si les causes secondes étoient efficaces par elles-
mêmes; car il paroît que ce qui agit
par sa propre vertu, ne peut jamais
agir en distance; mais pour nous nous
ne connoissons dans la nature que de

B 3

sim-

ſimples cauſes occaſionnelles , & nous
ſcavons qu'il n'eſt nullement neceſſaire
que ce qui occaſionne la déterminati-
on d'une cauſe réelle , ſe trouve du
côté de chacun des ſujets ſur leſquels
tombe l'effet que produit cette cauſe.
Ajoutons à cela que rien ne peut agir
ſur la matiere , ſans la faire paſſer dans
differens états à la fois. Imaginons-
nous , par exemple , que je me trou-
vaſſe dans un Bateau , & que pendant que j'avancerois en ſuivant l'impreſſion que je ſupoſe qu'il me donneroit , je me déterminaſſe à aller de
la Proüe à la Poupe avec une vîteſſe
égale à celle que j'aurois en ſens contraire : Il eſt évident qu'en même
tems que je changerois de place par
raport à mon lieu Phiſique , je me
metrois en repos par raport à ceux
qui pouroient me voir du rivage:
c'eſt qu'à leur égard ce ſeroit le Bateau qui fuiroit ſous mes pas. Il
arriveroit donc alors que par le même acte de ma volonté , je paſſerois
dans deux états non ſeulement diffé-
rens , mais qui paroîtroient même
incompatibles , s'ils n'étoient purement ralatifs.

Les

Les doutes que nous pouvons a-
voir sur le mouvement relatif, ne
doivent point nous embarasser ; il
nous sera toûjours facile de les éclaircir: mais ce qui peut nous faire de
la peine, ce sont nos préjugés. Ce
que nous avons une fois crû, nous
cessons difficilement de le croire.
Ainsi jugeons-nous qu'il y a dans les
corps qui sont censés se mouvoir quelque chose de plus que dans ceux
qu'on supose en repos ; nous nous
persuadons qu'il y a en eux une force qui ressemble à l'impression sensible que font sur nous les corps é-
trangers qui rencontrent le nôtre ;
c'est-a dire qu'il en est à peu près de
cette force comme de la pesanteur
que nous nous figurons être de même nature que l'effort qu'il nous en
coûte pour nous mettre en équilibre
avec les corps que nous voulons su-
spendre : effort, qui cependant ne
peut apartenir qu'à nôtre ame, mais
nous sommes accoûtumez à donner
à tous les objets qui nous environnent
des qualités semblables aux sentimens
dont nous sommes affectés à leur occasion; & ce qu'il y a de fâcheux,

B 4

c'est

c'eſt que les erreurs des ſens ſont
toûjours celles dont il eſt le plus difficile de revenir. Qui ne conſulte-
roit que la raiſon, n'auroit nulle peine à ſe perſuader qu'il n'y a point
d'autre force dans la matiere que la
loi ſelon laquelle ſes differentes parties doivent changer entr'elles de raport de diſtance : c'eſt ce que peut
rendre ſenſible une comparaiſon dont
j'ai déja fait naître l'idée: imaginons
nous deux corps répreſentés dans un
miroir, où leurs images après s'être
rencontrées, ſe ſepareroient, ou bien
iroient de compagnie, conformément aux loix des communications
des mouvemens; il eſt clair qu'il n'y
auroit ni force ni effort dans tout cela; mais je dis qu'il n'y en auroit pas
davantage du côté des deux corps
repréſentés, auſquels je ſupoſe qu'arriveroit ce que nous feroient voir leurs
apparences.

Une autre ſource d'erreur, c'eſt
que d'ordinaire nous jugeons de l'é-
tat des corps par raport à la terre qui
nous ſert de lieu phiſique; & en cela nous avons tort: car ſupoſons qu'il
y eût des Spectateurs dans quelqu'une
des

des Planetes, & que de l'endroit où ils seroient, ils pussent apercevoir les mêmes objets que nous : il est aisé de comprendre que souvent ils verroient en repos ce que nous jugerions en mouvement, & qu'ils jugeroient en mouvement ce qui nous paroî. troit en repos.

On ne peut donc, sans se tromper, juger de l'état des corps par raport à quelque lieu phisique que ce soit. En effet qu'un boulet de canon en obéissant à l'impression de la poudre, cessât de suivre celle du tourbillon de la terre ; il est certain que le boulet dans cet état nous paroîtroit se mouvoir ; & cela, parce que nous le verrions répondre successivement à differentes parties d'une espace que nous jugerions ne point changer de place ; mais un Astronome penseroit autrement que nous ; accoûtumé à former son lieu phisique de l'assemblage des étoiles fixes, il jugeroit le boulet arrêté, & suposeroit qu'au dessous se déroberoit la surface de la terre. Or je dis que sa méprise seroit égale à la nôtre ; car ce qu'il regarderoit comme fixe, n'a

B 5

nul

nul caractere de ftabilité qui le diftin-
gue du lieu que nous ocupons. Nous
ne fommes pas fûrs que toutes les é-
toiles foient toûjours dans la même
fituation les unes à l'égard des autres;
nous pouvons même préfumer le contraire; nous fçavons que nôtre Soleil
change fenfiblement de place dans
fon tourbillon, & ce n'eft, felon
toutes les aparences, que l'éloignement prodigieux où les étoiles font
de nous, qui fait que nous ne les
trouvons pas fujettes à de pareils dé-
placemens; mais quand elles confer-
veroient toûjours entre elles les mêmes raports de diftance, je ne vois
pas qu'on en pût conclure autre chofe, finon qu'elles fe trouveroient dans
le cas où fe trouvent les parties de
tout corps folide; leur repos feroit
relatif. On aura donc beau prendre
leur affemblage pour le lieu phifique
de tous les corps qui font à la portée
de nos fens, nous ferons toûjours en
droit de regarder ce lieu, comme un
corps particulier, capable lui-même
de changer d'état par raport à quelqu'autre efpace plus étendu, dans
lequel, fi bon nous femble, nous le
fu-

fupoferons renfermé ; car quelles
bornes peut-on donner à l'Univers?
Ajoûtons à cela que quelque fupofition que l'on faffe , l'état d'aucun
lieu phifique ne peut jamais être déterminé: car s'il eft vrai, comme je
l'ai déja fait voir, que la maffe totale de la matiere ne foit ni abfolument en repos , ni abfolument en
mouvement , on doit convenir que
quand toutes fes parties fe trouveroient dans un parfait repos relatif,
le tout n'en deviendroit pas plus
propre à former un lieu phifique fur
l'état duquel on pût rien ftatuer.
Ainfi que dans cette fupofition un
feul Atome vînt à fe mouvoir par raport à tout le refte ; on pourroit
dire, fi l'on vouloit, que tout le refte feroit en mouvement par raport
a l'Atome: De même en reprenant
le boulet qui, felon la fupofition que
j'ai faite, nous paroîtroit aller d'O-
rient en Occident avec la même viteffe qu'un Aftronome donneroit à la
terre d'Occident en Orient, on voit
bien que fi dans ce cas le boulet rencontroit un autre corps , auquel il
communiquât toute fa viteffe , alors
B 6 l'Aftro-

l'Aſtronome pourroit dire que ce ſeroit ce corps là même qui commu-
niqueroit toute la ſienne au boulet,
& qu'après il ne changeroit de raport de diſtance avec les parties de la
ſurface de la terre, que parce que la
terre continuëroit de ſe mouvoir.
Tout cela doit entrer aiſément dans
l'eſprit de ceux qui ſont accoûtumés
à penſer; ils voyent bien que puiſque
le mouvement n'eſt dans les corps
qu'un ſimple changement de raport
de diſtance, il faut de neceſſité qu'il
y ſoit réciproque.

Pour ne nous point tromper, il
faudroit que nous ne regardaſſions
les differentes parties de la matiere,
que comme feroit une pure intelligence ſpectatrice de l'Univers entier,
& qui ne ſeroit attachée à aucun lieu
phiſique; c'eſt qu'alors, comme rien
ne nous ſerviroit de point fixe, nous
n'aurions nulle peine à concevoir que
tout eſt reſpectif dans le mouvement;
je veux dire que nous jugerions, par
exemple, qu'on pourroit également
penſer que c'eſt la terre qui ſe meut,
ou que ce ſont les Cieux qui tour-
nent autour de la terre: toute hypotheſe,

thefe, toute fupofition nous paroîtroit également fondée: c'eft ce que
femble vouloir nous faire entendre
M. Defcartes quand il nous dit que
le *mouvement eft l'éloigement d'un corps
du voifinage de ceux qui le touchent immediatement , & qu'on regarde comme
en repos.* En effet pourquoi veut-il
que pour juger de l'état d'un corps,
on ne faffe pas attention à ceux qui
font éloignés de lui, comme à ceux
qui lui font immediatement apliqués?
c'eft qu'il arrive fouvent que lorfqu'a-
vec les uns il a des raports de diftance fucceffifs , il en a de permanens
avec les autres. Pourquoi veut-il
encore qu'on fupofe en repos le lieu
exterieur qu'il lui plaît de donner aux
corps qui fe meuvent? c'eft que l'é-
tenduë & la matiere étant une même
chofe, on ne peut admettre aucun
point fixe dans la nature, & qu'ainfi quand les corps ont entre eux des
raports de diftance fucceffifs , le
mouvement ne peut être attribué
aux unes plûtôt qu'aux autres que par
fupofition.

C'eft ainfi que raifonnera tout Philofophe exact, & qui fçaura fe ren-
B 7

dre

dre maître du principe fondamental
de la nouvelle Philofophie ; car fi
l'étenduë créée eft la feule qu'on puiffe fupofer dans la nature, il faut de
neceffité convenir qu'un corps ne peut
être, ni en repos, ni en mouvement,
que relativement aux autres corps
dont chacun lui fert de lieu phifique , comme il en fert lui même à
chacun des autres.

Et dans le fond quel autre lieu
pouroit-on raifonnablement donner à
la matiere? que feroit-ce que ces efpaces où l'ancienne Philofophie prétend
la renfermer? On auroit affez de peine à le dire ; il eft vrai que ceux qui
les admettent effayent de les definir.
Les uns difent que c'eft un rien étendu dont les dimentions font pofiti-
ves, d'autres que c'eft un Eftre réel
qui n'eft pourtant pas une fubftance, d'autres que c'eft l'immenfité
même de Dieu : & tout cela fe dit
férieufement ; mais que nous importe? Qu'on définiffe comme on voudra l'efpace incréé , il reftera toûjours à nous faire voir que cet efpace exifte ; car enfin rien ne manifefte
fon exiftence. On fçait que les Phi-
lofo-

lofophes qui fe déclarent pour la ple-
nitude univerfelle , font obligés de
reconnoître qu'ils n'ont jamais aper-
çû que l'étenduë de la matiere ; on
fcait de plus que nulle operation de
le nature n'anonce le vuide ; il feroit
donc inutile de le produire ici contre
nous que quand on fournira fes titres :
peut-être auffi ceux qui l'admettent
ne le font-ils que parce qu'ils font
déja prévenus que l'état des corps doit
être déterminé : car s'il faut que les
corps foient ou abfolument en repos,
ou abfolument en mouvement, il eft
néceffaire de leur trouver un lieu fixe,
& diftingué de la matiere , dont les
parties n'ont nulle ftabilité. Les erreurs fe tiennent comme les verités;
auffi eft-ce par-là qu'il eft aifé de les
reconnoître. On s'affure qu'il n'y a
rien d'abfolu ni dans le mouvement
ni dans le repos , parce qu'il eft manifefte que l'étenduë fixe qu'on fupofe renfermer les corps, & qui feule
pouroit déterminer leur état, ne peut
être raifonnablement admife de quelque maniere qu'on la conçoive.
En effet vouloir que cette étenduë
foit un néant, ou un rien qui puiffe
fe

ſe meſurer, & où l'on puiſſe diſtinguer des pàrties de differentes figures ou de differente grandeur, ou
bien vouloir que ce ſoit un Eſtre qui
ſubſiſte par lui-même, & refuſer en
même tems de le mettre au rang des
ſubſtances, ce ſont deux opinions
dont on ſent dabord le ridicule. Mais
ce ſeroit bien pis de confondre cette
étenduë incréée avec l'Immenſité
Divine : C'eſt que comme chaque
corps a ſon lieu particulier, il s'en
ſuivroit qu'il y auroit en Dieu des
parties diſtinguées les unes des autres; ce qui le dégraderoit, ce qui
le feroit déroger à ſa ſimplicité.

Attachons-nous à des principes
moins dangereux & plus ſolides,
Reconnoinſſons que tout eſpace eſt
eſpace créé. Ce ſera ſur ce pied-là
que nous admetrons le vuide : car
comme je l'ai déja dit, le vuide con-
çû ſous l'idée qu'on doit s'en former, n'eſt que la matiere dépouïllée
de qualités ſenſibles, & reduite à n'a-
voir que ce qu'elle tire de ſon propre fond. En effet ôtons-en les
couleurs, les ſons, les tendances,
en un mot tout ce qui nous en fait
diſtin-

distinguer les differentes parties, que nous offrira-t-elle alors ? une simple étenduë, un espace divisible & mesurable.

Il semble qu'on soit à l'égard du vuide dans le même préjugé, où l'on est à l'égard du temps ; quand on le regarde comme renfermant l'existence successive des Etres créés : c'est qu'à proprement parler, le tems est la succession même atachée à l'existence de la creature : * car le tems a commencé, & il finiroit aussi dans la suposition que la creature fut aneantie.
De

* On se figure par une erreur d'imagination qu'indépendamment de l'existence des creatures, il y a une certaine durée successive, qui n'a point eu de commencement, & qui ne peut avoir de fin. C'est même de cette durée qu'on forme l'Eternité de Dieu ; comme si l'Etre infiniment parfait pouvoit éprouver quelque succession, lui qui possede son Estre tout à la fois. Ayons des idées plus saines, Dieu n'a point été, il ne sera point, mais il est. Pour la creature, elle ne jouit de son existence qu'en détail : nous n'existons pas encore pour l'avenir, & nous ne sommes pour le present, qu'en cessant d'être pour le passé ; nous nous succedons continuellement à nous mêmes.

De même on s'imagine que le vuide
est le lieu des corps, qu'il les renferme, quoique les corps & le vuide
soient précisément la même chose:
car l'Univers anéanti, s'il restoit encore quelque lieu, quelque espace,
ce qui resteroit seroit immuable & nécessaire, ce seroit quelque chose que
Dieu ne pourroit détruire, & qui se
déroberoit à sa souveraine puissance:
dépendance fâcheuse de l'idée qu'on
se forme du vuide; aussi cela seul suf-
firoit-il pour nous faire rejetter l'o-
pinion commune. Ne feignons donc
point de reconnoître que tout lieu,
que tout espace est créé; mais ce
principe une fois admis, nous con-
clurons sans peine que les corps se
servant mutuellement de lieu phisique,
il faut que tout mouvement soit par
lui-même respectif & réciproque.

Ce qui devroit faire impression sur
l'esprit de ceux qui défendent le mouvement absolu, c'est l'embaras où ils
voyent que sont les Philosophes,
quand ils veulent déterminer l'état de
chaque corps en particulier. On voit
même que les Défenseurs du vuide ne
sçavent alors comment s'y prendre;
ils

ils ont beau se representer la matiere
comme renfermée dans des espaces
immobiles , ils n'en sont pas plus a-
vancés pour cela : car comment peuvent-ils connoître la nature des raports que les corps ont avec les parties de ces espaces, sur lesquels nos
sens n'ont point de prise? Comment
peuvent-ils s'assurer si ces raports sont
permanens ou succéssifs? Cela ne leur
est nullement possible; mais les nouveaux Philosophes ne sont pas même
dans le cas de l'incertitude à cet é-
gard, car dès qu'ils sçavent qu'il n'y
a point d'autre étenduë que celle de la
matiere; il est clair que s'ils veulent
s'en raporter à leurs propres idées,
il faut qu'ils reconnoissent que l'état
des corps est non seulement indéterminé, par raport à nous; mais qu'il
est encore indéterminable en lui-même.

Je suis sûr qu'il n'y a point de Car-
tesien dévoüé à l'erreur du mouvement absolu, qui ayant fait cette réflexion , n'ait souvent été tenté de
reconnoître un espace distingué de la
matiere ; mais l'embaras, c'est qu'on
sent bien que si la matiere est autre
chose

chofe que de l'étenduë, il ne faut
plus la reftreindre à n'avoir pour proprietés que des figures & de fimples
changemens de raports de diftance,
& des lors on n'eft plus en droit de
lui refufer ni les forces, ni les ver-
tus, ni les qualités fenfibles dont le
Cartefianifme la dépoüille. Il faut
même fouffrir qu'on réhabilite les caufes fecondes, les qualités occultes, &
les formes fubftantielles : car tout cela peut fort bien être l'apanage de ce
qui conftituë l'effence de la matiere,
fi la matiere & l'étenduë ne font plus
une même chofe. Vous trouveriez
à la verité des Cartefiens que cela
nembarafferoit pas beaucoup, les i-
dées Philofophiques fe trouvent pêle-
mêle dans leur efprit ; c'eft le hazard
qui les y affemble ; tout fiftême lié
dans fes parties les fatigueroit ; ils
philofophent commodément ; ils reçoivent volontiers les principes qui
leur conviennent ; mais auffi ont ils
foin d'en rejeter les confequences,
quand elles ne les accomodent pas.
Supofons donc que des Philofophes
de ce caractere admiffent une autre
étenduë que celle des corps, je fou-
tiens

tiens qu'ils n'y trouveroient pas encore leur compte : car j'ai trop accor-
dé à ceux qui défendent le vuide,
quand j'ai dit qu'en admetant un espace distingué de la matiere, ils a-
voient de quoi caractériser le mouvement absolu. En effet quand on
leur passeroit leur suposition, cela
ne les avanceroit de rien : Il est clair
qu'afin qu'ils pussent trouver quelque
chose d'absolu dans l'état des corps,
il ne suffiroit pas que toutes les parties de l'espace auquel ils ont recours
fussent dans un parfait repos relatif; il faudroit encore que l'état de
l'espace entier fût lui-même déterminé. Mais d'où pouroit venir sa dé-
termination ? Car on convient de ce
principe, qu'il ne peut y avoir ni repos ni mouvement sans relation externe, sans raport de distance ou per-
manent, ou successif : l'espace qui ne
seroit pas matiere, seroit donc dans
le cas où, selon nous, se trouveroit
tout corps particulier qui existeroit
seul, & qui n'ayant aucun lieu exterieur aux parties duquel il pût répondre, ne pouroit être dit ni en mouvement ni en repos. Les Cartesiens,
ceux

ceux à qui nous avons affaire, auroient donc bien tort de recourir à l'espace imaginé par les anciens Philosophes ; ils ne pouroient l'admetre qu'en pure perte pour eux ; ainsi toute ressource leur manque de ce côté-là. Jugeons donc où ils en seroient, si après s'être instruits des raisons qui nous font déclarer pour le mouvement relatif, ils se trouvoient obligés à leur tour de nous déveloper leurs idées, & de nous faire voir sur quels principes ils prétendent établir le mouvement absolu. Je crois qu'il y auroit du plaisir à les suivre : ce seroit un grand hazard s'ils s'accordoient mieux entr'eux, qu'ils ne s'accordent avec eux-mêmes. Dispensons-les cependant de s'expliquer, qu'ils s'en tiennent à des décisions vagues, autorisées des préjugés vulgaires, & qu'ils ne mettent point au jour les raisons qui les font décider ; ils n'interessent déja que trop l'honneur du Cartesianisme. Laissons-les penser à leur maniere. Eh que nous importe de sçavoir ce qu'ils pensent ! peut-etre ne le sçavent-ils pas eux-mêmes. N'occasionons point de nouveaux

veaux reproches à la Philofophie de
M. Defcartes ; nous ne fcaurions
menager fes interêts avec trop de
foin ; de nouveaux ennemis, mais
dangereux, s'élevent pour la com-
batre, & ceux qui devroient prendre fa défenfe, font fur le point de
lui échaper. Il fe trouve à prefent
moins de Philofophes qu'on ne penfe; nous avons d'habiles gens en tout
genre, il eft vrai ; mais un talent
n'anonce pas toûjours tous les autres.
Voyez les illuftres Emules des fcavans de nôtre nation ; quels progrès
ne font-ils pas dans les Arts ? la Geometrie femble n'avoir rien de caché
pour eux, tout paroît foumis à leurs
calculs ; mais écoutés les philofopher, vous ne les reconnoiffés plus ;
ce ne font plus les mêmes hommes.
C'eft que dans la recherche des verités abftraites, l'efprit eft entierement
abandonné à lui-même, nulle voye
mechanique ne peut alors le conduire, tout lui fait même obftacle, s'il
n'a la force de s'élever au deffus des
impreffions fenfibles, & de fe dé-
poüiller des préventions qu'il confond avec les notions communes, &
qui

qui femblent lui être infpirées par la nature même. Auffi ceux que les idées metaphifiques n'acomodent pas, font ils enfûreté ; ils ne doivent point craindre que les principes abftraits, qu'on opofe à leurs préjugés, puiffent prévaloir dans l'efprit du commun des hommes. Pour les préventions que favorifent les fens & l'imagination, elles font toûjours bien recûës ; elles obtiennent aifément les fuffrages, & de ceux qui ne fcavent rien, & de ceux qui ne font que fcavans ; ils faut s'y attendre, ce mal eft neceffaire ; mais ce qu'il y a de plus fâcheux, c'eft que la fcience même fert fouvent de paffeport à l'erreur. Un homme aura de meilleurs yeux que les autres ; il aura épié avec perfeverance ce qu'il y a de delié dans les operations de la nature, & ce qui communément doit échaper ; en voilà affez pour lui faire obtenir un titre ; il s'en prévaut, il décide, & fouvent au hazard ; il n'importe ; on fe rend à fes décifions, le prejugé eft pour lui ; c'eft-à dire que parce qu'il a mieux vû que les autres, on croit qu'il fcait mieux
pen-

penſer. Des gens par un travail aſſi-
du ſe ſeront rendu familiers certains
caracteres ſimboliques, ils ſçauront
les ranger & les combiner ſuivant les
regles invariables de leur Art; ſi le
hazard veut que dans leur chemin
ils rencontrent quelque ſingula-
rité dont on ne ſoit pas encore inſtruit; en voilà aſſez pour les mettre en credit; qu'ils parlent bien ou
mal, & ſur ce qu'ils voudront; leur
nom décidera, ſi la raiſon n'eſt pas
pour eux.

Ceux qui exercent leur eſprit ſur
des ſujets palpables, ont un grand
avantage, ils ſurprennent aiſément
l'eſtime & la confiance des perſonnes
dont les lumieres ſont renfermées dans
la Sphere des idées ſenſibles, je veux
dire qu'ils ne peuvent guéres man-
quer d'avoir un grand nombre d'a-
probateurs : on eſt intereſſé à faire
valoir en eux un merite auquel on ſe
flate de pouvoir ateindre; les aprou-
ver, c'eſt s'eſtimer ſoi même ; ainſi
tout leur eſt favorable; & avec des
talens ſouvent mediocres, ils ont le
bonheur d'être plus de miſe qu'ils ne
le ſeroient avec de rares qualités.

C

Pour

Pour nous ne foyens point les dupes
des préventions vulgaires; fongeons
qu'il eft toûjours aifé d'aprendre,
il n'en coûte que de le vouloir : Auffi combien voyons-nous de gens, de
qui l'on pouroit dire qu'ils fçauroient
tout, s'il ne leur manquoit de fçavoir penfer : mais le malheur, c'eft
que l'elevation du genie n'eft pas toûjours le fruit de la fcience. Il eft
vrai qu'il y a des Arts qui aident d'efprit dans fes operations, & qui, pour
ainfi dire, le fertilifent, & lui font
produire tout ce qu'il peut tirer de
fon propre fond, du moins faut-il
convenir que la Geometrie lui pro-
cure cet avantage : fes methodes lui
préfentent les raports de toutes les i-
dées aufquelles il eft en état d'atrein-
dre; elles le conduifent, elles le gui-
dent dans fes démarches; mais malgré cela nous ne voyons que trop
qu'élles ne lui donnent ni plus de force, ni plus d'elevation : la facilité de
s'clever au deffus des idées fenfibles
& des conceptions communes, eft
toûjours un préfent de la nature.
Heureux qui fe trouve favorifé de ce
côté-là ! mais plus heureux encore
celui

celui qui sur un genie élevé ente un
esprit geometrique ! il peut tout se
promettre, & nous devons tout attendre de lui. Où M. Descartes n'a-t-
il pas porté ses vûës, conduit par
ce double esprit ? car ne lui reprochons plus l'obscurité affectée qu'il
jette sur la nature du mouvement; il
s'explique assez pour qui veut l'entendre, * rendons-lui justice; c'est
de lui qu'on tient le mouvement relatif & reciproque. C'est aussi de lui

C 2 que

* Il dit Article 24. 2. Partie de ses principes, comme une chose en même tems change
de lieu & n'en change point, de même nous
pouvons dire qu'en même tems elle se meut &
ne se meut point; & plus bas Article 29. il
(le mouvement) est reciproque; & nous ne sçaurions concevoir que le corps A B soit transporté
du voisinage du corps C D que nous ne sçachions
aussi que le corps C D est transporté du voisinage du corps A B, & qu'il faut autant d'action pour l'un que pour l'autre, tellement que
lorsque nous verrons que deux corps qui se touchent immediatement, seront transportés l'un
d'un côté & l'autre d'un autre, & seront reciproquement separés, nous ne ferons point difficulté de dire qu'il y a autant de mouvement en
l'un qu'en l'autre. J'avoüe qu'en cela nous
nous eloignerons beaucoup de la façon de parler
qui est en usage.

que nous tenons toutes les verités abftraites qui diffipent les erreurs de nos
fens, & celles de nôtre imagination.
Nous n'avons préfentement que le
merite de nous prêter à fes lumieres:
Ayons de la reconnoiffance; il nous
épargne un travail qui peut-être feroit au-deffus de nos forces.

Il eft certain que la Geometrie a
d'abord contribué à la naiffance de la
Philofophie Cartefienne ; ajoûtons
qu'elle a auffi fervi à fon etabliffe-
ment : Pourquoi donc, par un fâcheux retour, en arrête-t-elle à prefent les progrès? C'eft que nos Geo-
metres fe renferment tellement dans
leur Art, que leur efprit ne trouve
plus de prife à ce qui fe dérobe à leur
imagination. Ce n'eft pas tout, ils
tombent dans un abus qui les conduit néceffairement à l'erreur ; ils
font des fupofitions pour fe mettre
en état de fuivre plus aifément leurs
methodes, & leurs regles ; mais leurs
fupofitions font elles faites ? Ils les
réalifent, & les donnent pour des
principes: veulent-ils, par exemple,
faire mouvoir les corps librement?
Ils les regardent comme renfermés
dans

dans un espace degagé de la matiere,
& puis ils tirent de là qu'il y a du
vuide dans la nature, ou du moins
qu'il y en peut avoir. Si quelquefois, pour éviter d'entrer dans des dif-
çutions inutiles, ils fupofent de la
pefanteur, de la force, & des tendances dans les corps, auffi-tôt ils en
concluent que tout cela doit s'y trouver à titre de qualîtés réelles. Ils s'y
prennent de même par rapport à l'é-
tat de la matiere; ils le déterminent
d'abord par fupofition, & le regardent après cela comme abfolument
determiné. On void bien qu'en voilà plus qu'il n'en faut pour les engager à profcrire le Cartefianifme dans
fon entier; car n'en détachât-on qu'
un feul principe, il faudroit que tous
les autres tombaffent d'eux-mêmes;
mais cette dépendance mutuelle de
toutes fes parties n'eft pas ce qui fait
fon moindre merite.

Au refte les fupofitions qu'on ne
donne que pour ce qu'elles font, ont
toûjours leur utilité; elles foulagent
nôtre imagination en fixant nos idées.
Les operations phifiques demandent
fouvent qu'on en faffe, & alors c'eft

C 3   AUX

aux plus simples qu'on doit s'attacher. Ainsi que je vouluſſe faire des experiences pour juſtifier les loix du mouvement, je commencerois par ſupoſer la terre en repos; car autrement je ne pourrois avoir que des mouvemens compliqués, dont l'examen fatigueroit plûtôt l'eſprit qu'il ne l'éclaireroit. Mais ſi je voulois établir le Siſtême du monde; je ferois le contraire; je ſupoſerois la terre en mouvement; c'eſt que le jeu mechanique des parties de l'Univers en deviendroit plus facile à ſuivre, & puis cette ſupoſition fourniroit même plus d'uniformité. Car dès qu'on fait mouvoir les Planettes, pourquoi une ſeule ſe trouveroit-elle exceptée? Mais avec tout cela je ne ferois que des ſupoſitions; & ſi je prenois les plus commodes : c'eſt que rien ne m'obligeroit abſolument à leur donner la préference.

En effet quelque ſupoſition qu'on voulût faire, on trouveroit toûjours un mechaniſme, qui s'ajuſteroit parfaitement aux loix des communications des mouvemens, à celles que l'experience nous a fait découvrir.

Il

Il est vrai que toutes autres loix se fussent continuellement démenties dans les differens états, où peuvent être suposées les differentes parties de la matiere, comme je le ferai voir dans une dissertation qui suivra de près celle-ci, & peut-être paroîtra t-il étonnant qu'entre une infinité de loix possibles que Dieu pouvoit choisir, suposé que le mouvement soit quelque chose d'absolu, son choix soit justement tombé sur les seules que pouvoit comporter l'hypothese du mouvement relatif. Si cette hypothese est fausse, l'erreur est trop favorisée.

Mais il me reste à examiner ce qui peut produire le mouvement, & de quelle maniere il se communique; deux questions, dont voici ce me semble la resolution: on void d'abord que le principe du mouvement ne peut se trouver dans les corps, qu'il ne doit point être mis dans le rang de leurs qualités; car toute qualité est necessairement attachée à quelque sujet particulier. Or puisque le mouvement est toûjours respectif & réciproque, il s'ensuit que quand deux

corps changent entr'eux de raports
de diſtance, la vertu motrice n'eſt
pas plus la qualité de l'un que la qualité de l'autre, & qu'ainſi elle n'eſt la
qualité ni de l'un ni de l'autre. Le
principe du mouvement eſt donc un
principe general, il ne faut donc le
chercher que dans la volonté toute
puiſſante d'un Eſtre ſuperieur, qui
range à ſon gré toutes les parties de
l'Univers, & qui met entr'elles tous
les raports que bon lui ſemble.

De là il ſuit qu'un corps n'en peut
mouvoir un autre, il ne peut que lui
occaſionner du mouvement ; mais
comment lui en occaſionnera-t-il?
on croiroit d'abord que pour le découvrir il ſeroit néceſſaire de conſul-
ter l'experience ; car toute occaſion
phyſique ſemble n'être determinée
que par une inſtitution purement arbitraire. Cependant regardons y de
près, nous nous apercevrons bien-tôt
que la rencontre des corps peut ſeule
être la cauſe de la diſtribution du
mouvement, du moins s'il faut que
cette cauſe ſoit generale. En effet
ſupoſons qu'il y eût une loi par laquelle tous les corps dûſſent ou s'ati-
rer

rer ou se repousser en se présentant
simplement les uns aux autres; il est
clair que comme l'attraction ou l'ex-
pulsion seroit reciproque de toute
part, tout demeureroit en équilibre,
& qu'ainsi le mouvement seroit détruit par la loi même, selon laquelle
nous voudrions qu'il se communiquât.

On voit donc présentement ce que
c'est que le mouvement, quelle est
sa cause, & comment il se communique. Je sçais que des reflexions
differentes des miennes vont paroître
sous les auspices de l'Académie des
Sciences, & qu'elles seront revêtuës
de son Jugement. Je sçais même que
les Juges nommez par cette Académie ont décidé que le mouvement
tel qu'il est dans les corps mûs est
autre chose qu'un simple changement
de raport de distance, ce qui for-
mera peut-être un préjugé contre
mon Siftême. Mais outre que d'il-
lustres Académiciens se sont decla-
rés pour le mouvement relatif, j'a-
prens que les mêmes Juges ont aussi
prononcé en faveur de l'efficace des
causes secondes. Ainsi ce ne sont plus
des Cartesiens qui sont chargés de

nous

nous inftruire, ce font des Difciples
ou d'Ariftote ou d'Epicure: leur jugement ne fera donc loi que pour
ceux qui font encore attachés aux
principes de l'ancienne école.

Peut-être fera-t-on un peu furpris
que l'Academie * paroiffe préfentement fe déclarer contre le nouveau
Siftême philofophique, contre un
Siftême que de grands hommes (des
hommes rares) ont défendu avec tant
d'avantage, & fous fes propres yeux.
Peut-être auffi penfera-t-on qu'il ne
falloit pas tant d'apareil pour décider
que l'état de la matiere eft déterminé, & que les corps mûs ont en eux
une force réelle; car c'eft là l'opinion du commun des hommes, je dis
même de ceux qui font difpenfez de
refléchir; mais pour moi je croirai,
fi l'on veut, que Meffieurs les Juges
ne

* Il eft fâcheux que l'Academie paroiffe
refponfable de ce qui n'eft que le fait de quelques Particuliers: c'eft qu'il eft conftant que
la piéce qu'elle va nous donner ne lui a été
communiquée qu'aprés le Jugement porté, &
même juridiquement prononcé. Ainfi à la rigueur rien ne l'oblige d'adopter les opinions
que ce Jugement favorife.

ne sont revenus aux sentimens populaires qu'à force de refléxions. Ceux qui ne pensent point du tout, & ceux qui pensent beaucoup, se rencontrent quelquefois au même point; & c'est ainsi que les extrémitez se touchent.

AVIS.

ENFIN nous avons la piéce qui a remporté le premier prix de l'Academie des Sciences. L'Auteur, pour mieux resoudre les trois questions proposées par cette Académie, commence par démontrer que l'espace & la matiere sont une même chose; que le corps est une substance étenduë, & que cette substance est l'étendu même: Ensuite il pretend faire voir, 1°. Que les causes secondes peuvent produire du mouvement dans la matiere: 2°. Que le mouvement est l'état actif d'un corps qui parcourre un espace: 3°. Que tout corps mû ayant en lui-même une activité réelle doit par sa propre vertu mouvoir ceux qui s'opposent à son passage. Je suis donc

 obli-

obligé de me dédire ici : on doit pré-
sumer que Meſſieurs les Juges tiennent encore à l'idée fondamentale de
la Philoſophie moderne ; mais ils
reçoivent les conſequences des principes de l'ancienne école. Exemple
ſingulier d'une neutralité parfaite.

ADDITION.

*Ce qu'on nomme force ou effort dans
la matiere, n'y doit point être regardé
comme un principe de mouvement.*

Si la force produiſoit le mouvement
comme cauſe veritable, le mouvement
qu'elle produiroit lui ſeroit toûjours proportionné ; car tout effet
répond toûjours exactement à ſa cauſe : or nous voyons ſouvent dans la
matiere des effets diſproportionnés à
la force qui paroît les produire, &
je le prouve.

Je ſupoſe que le corps *m.* * ſoit
parti du point *A*, & qu'il rencontre
obliquement le corps *n*, j'unis leurs
centres de gravité par la ligne *H G*,
prolongée juſqu'en *B* où tombe la
per-

____
* *Voʃes Fig.* 12. 13. 14.

perpendiculaire tirée du point A:
on voit alors que le corps n doit être
frapé par m de la même maniere
qu'il le seroit, si m étoit parti de B.
Maintenant je coupe la ligne BG au
point C, ensorte que BC soit à CG
comme m est à n; & puis je prens
GD égale & parallele à AC, & sur
la ligne BH prolongée du côté de H,
je prens HF égale à BC; il est évident que ces deux lignes doivent exprimer & la vîtesse & la direction
des deux corps après leur rencontre:
Or à cause de la proportion $HF\dagger n$
est égal à $CG\dagger m$: donc le mouvement après le choc voudra $AC\dagger CG$
$\dagger m$, au lieu qu'avant le choc il ne
valloit que $AG\dagger m$: donc on aura
dans ce cas une force primitive d'où
naîtront deux mouvemens differens
qu'on ne poura supofer lui être pro-
portionnés. Mais on peut aller plus
loin. Imaginons-nous que m & n
après le choc vinssent aussi à rencontrer obliquement deux autres corps,
& que ceux-ci en rencontrassent encore d'autres de la même maniere,
il est clair que de parcilles rencon-
tres infiniment multipliées produi-

 roient

roient un mouvement infini ; un mouvement qui ne tiendroit plus rien de la limitation de sa première cause. De-là je conclus que *ce qu'on nomme force ou effort dans la matière, n'y doit point estre regardé comme un principe de mouvement:*

Une réflexion un peu prématurée, mais que je ne puis me défendre de faire ici, c'est qu'il est étonnant que dans la nécessité où l'on est de réparer la perte des mouvemens contraires, personne ne se soit encore avisé de l'expedient dont je viens de faire naître l'idée. Nous voyons même que la plûpart de nos Phisiciens cherchent encore à ranimer la nature par le moyen de la force élastique, comme si le jeu du ressort ne dépendoit pas des loix communes du mouvement, & de l'action d'une matière insensible, reduite elle même à la condition des corps dont nos sens sont frapés, & sujets aux mêmes pertes. Mais en matière de phisique on n'y regarde pas toûjours de si prés. Il est vrai qu'on veut bien avoüer que les frotemens & la ténacité des parties du ressort causent necessairement des

non-

non-valeurs dans sa force, & le mettent ainsi hors d'état de reparer tota-
lement les pertes de la nature. Aussi
veut-on que Dieu ait soin d'imprimer
de tems en tems un nouveau mouvement à la matiere, à peu près comme un Ouvrier entendu qui sçait à
propos retoucher à son ouvrage, si
quelque chose vient à s'y démentir.
Du moins est-ce-là ce que pense l'Il-
lustre M. Neuton; c'est qu'il n'a pas
voulu s'apercevoir que les loix simples des communications des mouvemens fournissent elles-mêmes une
ressource contre les inconveniens aus-
quels elles sont sujettes.

F I N.

EXA.

EXAMEN

DE LA

DISSERTATION

DE

Mr. DE GAMACHES.

J'ai d'abord lû la differtation de Mr. de Gamaches avec un grand plaifir : Il m'a parû qu'il écrivoit en homme de condition, qui a été élevé & qui vit dans le grand Monde. C'eſt un avantage que nous n'avons pas dans nos petites Villes. On dit même que ceux qui ont du goût s'apperçoivent de la difference d'un Provincial d'avec un Pariſien, moi même j'ai crû quelquefois, de la remarquer. La fecondité d'imagination & la legereté de ſtile s'acquiert tout autrement par le com-

mer-

merce de ceux qui en ont, que par la lecture de leurs Livres. D'ailleurs on permet à ceux qui vivent dans le centre du Royaume des expressions nouvelles & des tours hardis, qu'on eſt obligé de ſe défendre, quand on écrit en Province, & à plus forte raiſon quand on écrit en pays étranger. J'ai ſenti plus d'une fois cette contrainte & j'en ai éprouvé les mauvais effets. Je ſuis quelquefois obligé d'uſer d'une circonlocution qu'une phraſe nouvelle, ou qu'un ſeul terme nouveau, mais clair & expreſſif, m'auroit épargné. Le ſtile en devient tantôt lâche & tantôt peſant, & l'Imagination, laſſe dêtre rebuttée, ſe rallentit; elle ceſſe de fournir des traits vifs dès qu'ils ont eté ſouvent rejettés. Nous n'oſons pas même hazarder une expreſſion métaphorique, que nous n'avons point vûe ailleurs. Cependant nous voyons tous les jours des Livres qui plaiſent par ces endroits là, pourvû qu'ils plaiſent auſſi par d'autres. Je ſentois donc avec plaiſir que le feu de Mr. de Gamaches m'en donnoit à moi même; & je profitois de ſes

avan-

avantages refolu refolu de me rendre
de bon cœur à la verité. Cependant comme je me fentois encore
dans l'obligation d'examiner fon ouvrage fans aucune efpece de préjugé,
foit pour m'inftruire moi même, au
càs qu'il me donnât de quoi corriger
mes idées , foit pour les defendre,
au cas qu'il les attaquât par des raifons fpecieufes , mais peu folides , j'ai
redoublé mon attention à une feconde lecture; mais j'ai trouvé par ci
par là du vuide dans les expreffions &
beaucoup plus de grand dans les termes que dans le fens. Le plaifir né
pourtant pas laiffé de m'éblouir une
feconde fois ; Je ne me fuis rendü
maitre de ce que fes tours ont de fé-
duifant qu'à la troifieme fois que je
l'ai lû. Il releve adroitement ce qui
fait à fon avantage, il meprife ce qui
l'incommode : Il femble qu'à tous
ces égards c'eft la verité feule qui lui
difte fes expreffions, elles s'echapent
en foule de fon efprit plein de lumiere : des maximes ne lui manquent
jamais dans le befoin? Tantôt il commence, tantôt il finit une perio-
de, par une reflexion qui à tout l'air
d'une

d'une Regle de Logique , &c qui quelquefois encor en a le merite : Il fouille dans le fond des coeurs, il developpe de quelle maniere ceux qui ne penfent pas comme lui, n'ont pas fû fuivre la lumiere, ou a-prés l'avoir fuivie pendant quelques pas, n'ont pas la force de continuer, mais retombent dans les idées vulgai-res, & vienent à reprendre les pre-jugés pour leurs guides. Quand donc je me fuis ferieufement appliqué à le lire pour y répondre , je me fuis trouvé dans un nouvel embarras. A-prés bien des preparations je n'ai pû decouvrir que trés peu de preuves; *Apparent raræ nantes in gurgite vafto.* Il me paroit que dès qu'on aura levé l'équivoque des termes *d'abfolu* , de *relatif* & de *reciproque* , qu'il repete fouvent; comme fi ce qui n'eft d'a-bord que la fimple expofition d'une hypothefe, en devenoit une preuve dès qu'on la reïtere & qu'on ne fait que la reïterer : Aprés, dis-je , avoir levé cette équivoque , je crois que fon hypothefe tombera. Mais au lieu de detacher quelques morceaux de fon Difcours , je lui

de-

demande la permiſſion de l'examiner de ſuite.

Quelque Probleme de Phiſique qu'on propoſe à reſoudre, je conviens qu'il faut commencer par s'aſſurer des faits ſur leſquels il roule: Mais de là il ne ſuit pas qu'il ſoit neceſſaire de diſcuter les ſophiſmes des Pyrrhoniens & de diſcuter leurs doutes réels ou affectés. Dés qu'on travaille en Phyſique, on doit ſuppoſer les tenebres des Pyrrhoniens ſuffiſamment diſſipées. Mr. de Gamaches, qui a fait ſa principale étude de penſer juſte & conſequemment n'a garde de ſoupçonner que tout ce qu'il a penſé ſur le Mouvement doive être mis au rang des rêves, & que les Académîciens, dont il ne paroît pas content, nexiſterent jamais, &c. Il eſt perſuadé qu'il a écrit, quil a fait imprimer ſa copie, il eſt perſuadé qu'on la lira, & il ne ſe trompe point encore s'il ſe perſuadé qu'elle eſt ſi bien écrite, que je ne laiſſerai pas de lire avec un trés grand plaiſir les endroits même où íl penſe autrement que moi. Mr. de Gamaches doute auſſi peu quil y ait eu un Deſcar-

Defcartes & qu'il en ait lû les ouvra-
ges avec admiration, il en doute auffi peu, dis-je, que de fa propre
exiftence.

Mr. de Gamaches eft encore trop
fait à l'habitude de penfer pour ne
remarquer pas aifement d'ou vient
qu'il eft fi fort perfüadé de tout ce
que je viens de dire : Il n'a pas oublié de quelle maniere Defcartes
vint à decouvrir le caractere de la
certitude. Ce grand homme, aprês
avoir fait tous fes efforts pour douter, s'apperçut par la même qu'il
doutoit, qu'il penfoit, & qu'il lui
etoit impoffible de ne s'en appercevoir pas. Attentif à ce fentiment,
il fe trouva entrainé à en conclure
fon exiftence ? *Je penfe : Donc je fuis*
ce fut là fa premiere conclufion certaine; Il chercha enfuite la caufe de
cette certitude, & elle fe fit fentir a-
vec la même clarté que cette conclufion : Il reconut qu'on ne pouvoit
s'empêcher de fe rendre à une évidence qui force dés que l'on veut
s'y rendre attentif, & dés là il refo-
lut de croire fans aucun doute, dans
tous les cas où fon efprit attentif

fen-

fentiroit la force victorieufe de l'evidence.

Nous avons une idée de l'Etenduë; la plus legere attention fuffit pour nous en convaincre : Il nous eft aifé de nous repréfenter cette Etendue, dont nous avons l'idée , comme fi en effet elle exiftoit reellement : fi cette exiftence étoit impoffible , il nous feroit de même impoffible de nous la repréfenter : L'Etendue peut donc exifter ; nous fommes forcés d'en convenir.

Nous avons de même une idée trés claire d'une portion d'Etenduë que nous comparons avec d'autres portions ; nous avons une ideé trés claire de ce que nous exprimons par le mot de fituation : Nous concevons avec la même clarté differens rapports de diftance ; nous concevons qu'ils demeurent les mêmes , nous concevons qu'ils fe changent ; l'attention & la bonne foi ne nous permettent pas de douter de tout cela.

A un homme qui me diroit, Je comprens tout cela , mais je fouhaiterois de m'affurer fi les Corps exiftent effectivement , comme je me
fens

sens un certain penchant à le croire, ou si rien n'existe que les idées qui les représentent & qui se succedent l'une à l'autre chés moi : A un homme qui me parleroit ainsi, je demanderois à mon tour si, au cas que les Corps existassent, ses idées pouroient être plus nettes, plus suivies qu'elles ne le sont, & s'il pouroit avoir d'autres preuves de leur éxistence que celles qu'il a; Je lui demanderois quelle preuve il souhaite de plus; je lui demanderois quelle clarté il manque encor à sa persuasion; je le prierois de reflêchir sur tout ce que sa memoire lui fournit. Je suis assuré qu'en se rendant de bonne foi attentif à cette enchainure d'idées & de sentimens il lui seroit impossible de conserver le moindre doute.

Pour ce qui est des Qualités sensibles du chaud, du froid, des couleurs, qui nous paroissent dans les Corps, nous sentons qu'il est en nôtre pouvoir de croire qu'elles n'y sont pas; il ne nous est pas même possible de nous les représenter comme des proprietés de l'Etenduë, même dans de certains états, & nous avons encore diververfes preuves que ce ne font que les apparences : Mais l'exiftence des Corps, qui fe prefente non feulement fous ces apparences, mais encor avec d'autres proprietés qui convienent parfaitement à leur nature, & dont les fuites fi conftantes & l'enchainure, fi parfaitement liée demontre la realité, l'exiftence de ces Corps devient & demeure hors de doute. Mais, dit on, nous ne les voyons pas immediatement, par confequent nous en pouvons douter. Si ce raifonnement étoit folide, il nous feroit impoffible de nous affurer de quoi que ce foit que de l'exiftence de nos idées & des liaifons que nous appercevrions entr'elles : En vain Dieu lui même feroit impreffion fur nous, le fentiment de cette impreffion feroit toujours l'objet immediat de nôtre penfée & de nôtre conoiffance ; car Dieu ne peut pas être nôtre propre fentiment, nôtre propre perception, & quand une Intelligence, abufant de fa liberté, prendroit plaifir à l'objection que je viens de propofer Dieu ne pouroit pas la convaincre de fon exiftence qu'en detruifant fa liberté :

au

au moins à cet égard, & en aneantiſſant chés elle l'effet de cete objection.

Si nous voulons nous rendre attentifs aux penſées que nous ſentons immediatement, & de l'exiſtence deſquelles il ne nous eſt pas poſſible de douter, elles nous apprendront que leur ſucceſſion, leur ſuite ſi reguliere & ſi conſtante, a une cauſe réelle : En la cherchant il nous vient dans l'eſprit que des corps exiſtent, dont nos idées nous apprenent l'exiſtence, les poſitions differentes & les impreſſions ſur le nôtre, & l'impuiſſance où nous nous trouverons de douter de la realité de ces impreſſions, en nous rendans bien attentifs ſur leurs ſuites, nous apprendra que nous ſommes nés pour les croire, nous apprendra que nous abuſons de nôtre Raiſon & que nous renonçons à nôtre deſtination, quand nous nous derobons à l'efficace naturelle de cete ſuite, & que nous nous refuſons à l'evidence qui en nait.

Il n'eſt pas poſſible dit-on encor, de voir un corps en deux endroits differens à la fois, car on ne ſauroit

D

voir

voir ce qui est impossible. Cela posé il est evident qu'on ne voit pas un
corps changer de place, on le voit
dans une & on se souvient qu'on là
vû dans une autre. Pour conclure
de là qu'on ne peut être assuré que
les corps se meuvent, il faudroit qu'-
on n'eut aucune certitude que du
present, il faudroit qu'on n'en eut
absolument aucune du passé ; Mais
qui est-ce qui, s'il veut parler de
bonne foi, n'est tout aussi assuré d'a-
voir lû la page qu'il vient de quitter,
qu'il est assuré de lire celle qu'il a sous
ses yeux.

Dans la supposition d'un sceptique,
que Mr. de Gamaches se divertit à
proposer. Quand un Càrosse vous paroit être trainé par des Chevaux & parcourir une longueur de cent toises,
peut être que ce Carosse & ces chevaux demeurent dans la même situation ; peut être même n'y a-t-il ni
Chevaux ni Carosse, & vous prenés
pour un Carosse & ses Chevaux les
differentes parties de cet espace de
cent toises qui se presentent successivement à vous sous cete forme. Mais
puisque celle qui s'est ainsi presentée
re-

reprend d'abord sa premiere apparence, qu'une suivante quitte celle qu'elle avoit, pour se presenter à moi sous
une nouvelle, il faut qu'il se fasse,
dans chacune de ses parties des mouvemens qui ramenent tour à tour
sous mes yeux des proprietés differentes. Aprés m'être longtems pro-
mené dans une allée je suis las; je demande qu'on m'apporte un fauteuil:
Ce n'est pas mon valet qui se remue
pour l'aller chercher; l'air prend
successivement les apparences de mon
valet, qui s'eloigne de moi; il reprend ensuite les apparences de ce
même valet, qui revient chargé de
mon fauteuil, qui me soutient & où
je me place à mon aise. Je n'ai pas
plutôt dit qu'on l'emporte, que cet
endroit d'étendue, qui avoit eu la
complaisance de prendre la figure &
les proprietés d'un fauteuil, les quitte dés que je n'en ai plus besoin, &
j'ai le plaisir de voir qu'un long
espace perd encor successivement
toutes ses apparences & se présente
à moi sous toutes celles d'un fauteuil, pour me procurer la satis-
faction de croire qu'on m'a obéi.

D 2

Quoi-

Quoique je fois trés perfuadé que Mr. de Gamaches eft fort éloigné de propofer ferieufement ces objections de les croire capables de faire impreffion fur l'efprit de fes Lecteurs, & que je fois encore plus éloigné de faire la moindre impreffion fur le fien & dy jetter le moindre doute, je n'ai pas laiffé de les refoudre tout comme fi on les avoit ferieufement propofées: Peut être a-t-il voulu voir de quelle maniere on s'y prendroit pour y repondre, au cas qu'un Pyrrhonien les propofât; Si en cela Mr. de Gamaches m'a eu en vûe, je me ferois des reproches fil m'arrivoit de negliger quoi que ce foit de tout ce qu'il peut fouhaiter de moi.

A ces reponfes qu'il me foit permis d'ajoûter une reflexion fur la fcience de penfer que Mr. de Gamaches eftime par deffus toutes les autres, comme cela paroit par divers endroits de fon ouvrage. Je dis donc que, comme favoir étudier, ce n'eft pas pouvoir s'abandonner avec une application infatigable à toute forte de lectures, ni remplir fes cahiers de toute forte de reflexions; mais c'eft
fa-

savoir étudier par ordre, c'est savoir faire choix des matieres dans les Livres qu'on lit, c'est refuser ses yeux & son attention à ce qui ne la merite pas ; c'est mettre a part le solide, en charger uniquement sa memoire, sans l'embarasser outre cela, en lui ordonnant de retenir des écarts d'esprit & des verbiages : Comme encore savoir aimer, ce n'est pas abandonner son coeur à un fond de sensibilité & se livrer sans discernement à tout ce qui peut amuser un coeur oisif & sensible ; mais c'est avoir du gout pour ce qui merite de l'affection, c'est savoir a placer, c'est n'avoir pas seulement besoin de a refuser à ce qui n'en est pas digne, parce que ce qui n'est pas digne de l'occuper n'y fait pas d'impression. De même savoir parfaitement penser, ce n'est pas avoir une fecondité infinie, une vivacité à faire naitre les objections les plus éloigneés de toute vraisemblance, une promtitude à s'en saisir, une dexterité à les faire valoir ; c'est au contraire avoir un fond de bon gout & une solidité de jugement, par où non seulement on soit en état de

D 3   discer-

discerner ce qui est vrai d'avec ce qui
ne l'est pas, une preuve convaincante
d'avec une foible; mais qui prevïen-
ne même la naissance des idées trom-
peuses; de ces vraisemblances qui é-
blouïssent & qui ne meritent pas
qu'on s'y arrête. Il en est de celui qui sait bien penser comme de
celui qui sait bien parler; l'un & l'autre n'ont plus besoin de faire des
choix, ils n'ont que faire de rejetter des expressions louches & de corriger des conclusions embarassées;
une heureuse habitude est cause
qu'il ne leur vient rien de tel dans
l'esprit.

Pour expliquer les phénomenes de
la Nature, c'est à dire, pour devenir Physicien, il faut savoir conjecturer. Il en est, dont l'esprit va
aussi vite que les yeux, ils n'ont pas
plutôt apperçu un effet qu'ils en devinent quelque cause: Quelques uns
abandonnent leurs conjectures avec
autant de legereté qu'ils les forment;
mais quelques uns aussi s'obstinent
à soûtenir tout ce dont ils se sont
une fois saisis, tout ce qu'ils ont eu
le plaisir de conjecturer. Mais il en
est

eſt d'autres dont l'eſprit non ſeulement ne s'arrête point à de legeres
conjectures, il ne leur arrive pas même de les former ; elles perdent,
pour ainſi dire, l'habitude de naitre
dans un eſprit qui les a ſouvent re-
jettées; ils s'en ſont fait une de penſer
avec tant d'ordre & de circonſpecti-
on que, tout ce qui n'approche pas
de pouvoir ſoûtenir un examen ſeve-
re eſt un neant pour eux, ils ne s'en
appercoivent pas. Pourquoi donc nous
abandonnerions nous, en commen-
çant une recherche de Phyſique, à
des legeretés qu'un Phyſicien ne doit
pas ſe permettre? Il eſt trés dangereux en Phyſique d'avoir trop de
complaiſance pour les abſtractions,
elles nous éloignent trop de la vûe
des choſes mêmes; elles nous accoû-
tument à des expreſſions vagues, &
par là même a des équivoques qui
peuvent aiſement devenir des ſources
d'erreurs.

Tels ſont les termes *d'Actif* & de
Paſſif; ils ſont vagues, ils s'appliquent differemment, & quelquefois
l'on croit de s'en ſervir juſte quand on
prend lechange. L'Etendue eſt un

être

être paffif de lui même, propre à
recevoir des impreffions, á devenir
ce que Dieu veut qu'elle deviene,
capable de recevoir des modifications, mais incapable de fe les donner. Par là on eft en droit de conclure que toute portion d'etendue
qui eft en repos, y demeurera eter-
nellement fi quelque caufe ne lui
fait changer d'etat.

Mais on ne peut pas également
conclure que cete Etendue, qui n'eft
point active par elle même, ne fçauroit la devenir par le moien de quelque Caufe capable de l'élever jusques
là : On ne peut pas conclure, dis-je,
qu'elle ne puiffe recevoir, & dés là
poffeder une activité qu'elle ne peut
pas fe donner elle même. Un bloc
détendue en repos ne fe mettra jamais de lui même en mouvement:
Mais fi la volonté efficace de l'Etre
Tout-puiffant , ordonne que ce
bloc fe mette en mouvement, s'il
ordonne qu'il applique fa furface à
celle des Corps qui l'environnent,
dés lá voila ce bloc dans un état a-
giffant & dans un état actif, c'eft u-
ne realité que le Mouvement a par

defdeſſus le Repos, & M. Deſcartes, pour n'avoir pas fait aſſés d'attention á cete verité, regardant le Repos comme un état auſſi réel en tout ſens que le Mouvement, a poſé ſur le choc des Corps des regles qui ſont fauſſes, à les regardet même avec toute lábſtraction qu'il demande dans cet endroit la à ſes Lecteurs. Jávouë que, ſi par l'activité d'un Corps qui change de place, qui applique ſucceſſivemant ſa ſurface, on entend autre choſe que ce Corps même dans cet état lá, c'eſt à dire, que ce Corps changeant ſa ſituation, ce Corps appliquant ſa ſurface, ſi on ſuppoſe, ſi on cherche à s'imaginer je ne ſai quelle vertu infuſe, quelque ſouffſe caché, quelque choſe enfin de ſemblable à ce que nous ſentons, & nous exprimons par les termes de tendance d'effort, termes qui renferment toujours, pris à la lettre & appliqués aux hommes, quelques ſentimens & quelques deſirs, j'avoue, dis-je, que traitter les Corps en mouvement, de Corps actifs en ce ſens là, c'eſt leur prêter ce qui eſt en nous & ce qu'ils n'ont pas.

Quand

D 5

Quand Mr. de Gamaches dit qu'avec la diversité des figures on ne peut attribuer à l'Etendue que de simples changemens de rapport de distance, cete derniere expression est encor équivoque; car un rapport de distance, ou la distance d'un Corps d'avec un autre, la mesure de son éloignement, se change en deux manieres, ou si vous voulés en trois; 1°. Le Corps *A* peut être seule cause, dans l'ordre des Causes secondes, de ce changement de distance, c'est lui qui s'approchera du Corps *B*. 2°. Il se peut que le Corps *B* soit le seul qui s'approche du Corps *A*. 3°. Ils peuvent tous deux contribuer à leur changement de situation; le Corps *B* se portera vers le Corps *A*, & reciproquement le Corps *A* vers le Corps *B*, & cela en differentes manieres, car en s'approchant l'un de l'autre, ils peuvent parcourir des longueurs inegales; & une preuve sûre que ces cas là sont très differens, c'estque, en posant toujours les masses égales, il en resulte des effets fort differens dés qu'elles viendront à se toucher. Il y a bien de la difference

ce entre ce qui arrive quand une
maſſe tombe ſur l'autre, & ce qui arrive quand elles ſe choquent reciproquement l'une l'autre, & ces chocs
ont encore de differens effets, ſuivant les longueurs que chacune a
parcouru en s'approchant l'une de
l'autre.

A l'ideé vague d'un rapport de diſtance changé répondent donc diverſes manieres determinées d'executer
ce changement. Les idées de Dieu
ſont des idées determinées, & comme il ne ſe peut qu'il ordonne à un
Corps de ſe mouvoir & qu'il veuille
efficacement qu'un Corps ſe meuve, ſans vouloir en même tems &
ſans determiner ſa direction & ſa viteſſe; Quand deux Corps ſont éloignés l'un de l'autre & en repos, &
qu'il veut faire ceſſer cét éloignement, il ne ſe borne pas à vouloir
en general que cet éloignement ceſſe;
mais, puis qu'il peut ceſſer en diverſes manieres, il determine celle qui,
de ſimplement poſſible, doit devenir
actuellement exiſtante.

Mr. Gamaches écrit admirable-
ment bien; j'aime tout à fait à le
 lire

lire dans les endroits même où il
combat mes idées: Je parle since-
rement, quand je parle ainsi: Mais j'a-
vouerai avec la même sincerité, que
je ne l'entens pas également par tout.
Il pretend que la matiere, depouillée de tout ce qui en diſtingue ou en
caracteriſe les differentes parties dans
leur ſituation (car, dit-il un peu auparavant, c'eſt à quoi ſe reduiſent
toutes les qualités que nous ſavons
ſurement y appartenir) il pretend,
dis je, que cette matiere ainſi depouillée de Figure & de Mouvement, devient préciſement ce que
le commun des Philoſophes deſigne
par le mot de *Vuide*. Mais ces deux
pretentions me paroiſſent trés differentes. Une Matiere qui n'eſt point
partagée en parties qui ayent chacune leur Figure & où il n'y ait aucun
Mouvement, préſente une vaſte maſſe qu'on ne peut s'empêcher de ſe
repreſenter comme dure; au lieu que
les partiſans du Vuide deſignent par
ce mot une vaſte étendue qui cede
avec une infinie facilité.

Mr. de Gamaches traite, auſſi
bien que moi, des matieres fort ab-
ſtra-

ſtraites; mais il a l'habileté d'y mêler
non ſeulement diverſes penſées inte-
reſſantes par elles mêmes & par la
maniere dont il les exprime, mais
de lier ces reflexions à ſon ſujet, en
les faiſant ſervir d'élegantes tranſiti-
ons. On en lit de cete nature dans
les pages ſuivantes.

„ Tout eſt maſqué pournous dans
„ la Nature : L'Univers eſt un ſpec-
„ tacle où tout nous fait illuſion,
„ & ce qu'il y a de fâcheux, c'eſt
„ que la premiere forme ſous laquel-
„ le nous le voyons, fait en quel-
„ que maniere l'unique regle de nos
„ jugemens. Dans l'enfance il nous
„ ſemble que l'eſpace qui nous ſepa-
„ re des Corps celeſtes, eſt un grand
„ vuide, qui peut ſe meſurer & qui
„ a des parties; mais nous ne pre-
„ nons point cela pour de la matie-
„ re : Nous voyons que l'air qui
„ nous environe agite ſouvent les
„ Corps ſenſibles, & puis il nous
„ paroit qu'il a du reſſort &c.

„ Ce ſont preſque toujours les ſa-
„ vans, ceux qui le ſont de profeſſi-
„ on, qui retardent le plus le pro-
„ grés des ſciences : Ils ne veulent

D 7   rien

„ rien apprendre de leurs Contempo-
„ rains; il en couteroit à leur vani-
„ té: Ceux dont ils font trop proches
„ leur font ombrage; & puis le mo-
„ yen de recommencer à penfer fur
„ nouveaux frais? On veut jouir de
„ ce qu'on a aquis, & quand une
„ fois on a fa provifion didées, on
„ cherche à fe repofer; on a trop de
„ peine à defapprendre; ceux qui
„ ne favent encor rien en ont moins
„ a s'inftruire. Auffi la Philofophie
„ de M. Defcartes ne commença-t-
„ elle à s'accrediter que quand les
„ favans deja formés commencérent
„ à faire place à ceux qui fe formo-
„ ient. Il ne jòuïr point du fruit
„ de fon travail; la verité ne triom-
„ pha que par le zêle de ceux qui le
„ fuivirent; il ne fut pas témoin du
„ deshoneur de ceux qui l'avoïent
„ combatue; carles faux favans fu-
„ rent degradés: Quel nom en effet
„ leur refte-t il parminous?

Il donne encor une nouvelle preuve de fon habileté & de fon elegan-
ce dans les pages fuivantes, où il fait
l'apologie de. M. Defcartes. Il l'ad-
mire dans ce qu'il dit, quand je le
re-

regarde comme un Panegyriste; Mais
ce qu'il pose ne me paroit pas assés
prouvé pour m'y rendre, & pour
reconoitre, à cet égard, dans Des
cartes un Philosophe circonspect:
Cétoient les Theologiens que Mr.
Descartes avoit à ménager & qui le
gênoient toujours davantage: Mais
ce n'ètoit point par ses hypotheses sur
le Mouvement qu'il pouvoit avoir
quelque chose à demêler avec eux,
à cet égard il étoit parfaitement libre. Il a erré dans les Regles qu'il
a donné sur le choc des Corps, parce qu'il les a établies sur l'hypothese
que le Répos étoit aussi réel que le
Mouvement. Et ce n'est point par
Politique & pour s'accommoder aux
prejugés, qu'il avoit eu la complaisance de parler ainsi.

Mr. de Gamaches nie que le Mouvement soit un état absolu: Je ne l'ai
jamais regardé comme tel, & je ne
crois pas qu'on puisse le regarder ainsi,
désqu'on y apportera une raisonnable
attention. On peut par abstraction
parler du mouvement d'un Corps sans
faire une attention précise & expres-
se à la nature de ceux qui l'enviro-
nent,

nent, mais toujours eſt il abſolument
neceſſaire de comparer au moins en
gros, une Etendue que l'on conçoit
en mouvement, avec celle le long de
laquelle elle ſe meut. Mais de ce que
le Mouvement, conſideré dans ce ſens
là, ou encore dans quelque autre,
eſt un état relatif de ſa nature, on
ne peut pas conclure que les termes
avec qui on compare un Corps en
mouvement ſe meuvent auſſi bien
que lui. Il eſt des rapports d'égalité, mais il en eſt auſſi d'inégalité.
Aucun Etre, quelque abſolu qu'il
ſoit, ne peut porter le nom de Cauſe
que par rapport aux effets qu'il produit. De toute éternité Dieu pouvoit être Cauſe, mais il ne l'à été abſolument que quand ſa puiſſance s'eſt
déployée & qu'elle a produit des effets. L'état de Cauſe eſt donc un
état relatif, un état de rapport à ſes
effets: Mais ſenſuit il de la que ce
qu'on dit d'un de ces termes ſe doive également dire de l'autre? L'effet
agit-il ſur ſa cauſe de la même
maniere que la cauſe agit ſur ſon effet? Il en eſt de même ſur le ſujet du
Mouvement. Une proximité qui n'a-
voit

voit pas lieu vient à exifter, non parce que le corps *B* s'approche du corps
A, mais parce que le corps *A* s'approche du corps *B*. Il ne faut point
penfer à renverfer le langage ordinaire, quand les idées qu'il nous fournit
n'ont rien que de jufte, car c'eft alors
la Nature toute pure qui nous parle.
Je fuis malade, & j'appelle un homme qui eft à l'extremité de ma chambre. Il ne peut pas me fervir dans
cét éloignement, je le prie de s'approcher, & on voit bien que je ferois
ridicule fi je lui difois, Faites en forte que je m'approche de vous: Il
pouroit s'imaginer que je rêve & que
je le prierois de tirer mon lit à lui.
Mais qu'y a t-il dans une boule qui
roule vers un but de plus que dans
ce but lequel cete boule s'approche con-
tinuellement, & qu'elle vient enfin à
toucher? Quy a t-il de plus? Eft ce une
QUALITÉ INTIME? A cela je ne
puis lui repondre, car je ne fai pas
ce que ces termes fignifient. Si, par
Qualité intime, on entend un certain
je ne fai quoy qui foit different de l'E-
tenduë & tout autre chofe qu'elle
même dans un certain état, je n'admets

mets point cete Qualité intime.
Quelle difference donc y a-t-il entre
le corps *A* qui fe meut vers le corps
B, & le corp *B* vers lequel il fe meut?
La difference faute aux yeux : Le
corps *A* eft celui qui s'approche, &
le corps *B* eft celui vers lequel il s'approche ; d'eloignés qu'ils étoient ils
devienent contigus, mais fans que *B*
ait rien fait pour cela : C'eft *A* qui a
agi & s'eft fitué fucceffivement. Sup-
pofons qu'il n'y a encor aucun Mouvement : Les corps *A* & *B* font eloignés l'un de l'autre. Dieu veut qu'-
ils foient contigus ; pour cet effet il
peut ordonner au premier de fe porter vers le fecond, & au fecond de
fe porter vers le premier, ou a tous
deux d'aller à la rencontre l'un de l'autre. S'il ordonne fimplement que le
corps *A* quittera la proximité de l'E-
tenduë qu'il touchoit immediatement,
qu'il s'éloignera d'elle & qu'il s'approchera de *B*, qui ne voit que c'eft
A qui change d'état & que *B* n'en
change pas? *B* ne s'éloigne d'aucun
terme, mais *A* s'éloigne de l'Etenduë qu'il touchoit, pour parvenir à
toucher *B*. Cete fuppofition ne pre-
fen-

sente rien de chimerique, elle ne presente rien que de trés possible, rien
qu'on ne conçoive trés distinctement
& trés clairement. On peut donc la
faire, & elle n'est point hors de propos, puisqu'elle sert à éclaircir l'é-
tat de la Question. Pour faire une
supposition possible, le secours d'u-
ne Revelation n'est point necessaire:
D'ailleurs quand on en demanderoit,
il ne faudroit pas l'aller chercher bien
loin, elle est toute prête, & il n'y a
point de Chrêtien qui n'attribue à
Dieu l'arrangement de la Matiere.
La Raison enfin le prouve, car puisque le Mouvement n'est pas essen-
tiel à la Matiere, & quelle ne peut
pas se le donner, il faut qu'elle l'ait
reçu d'une intelligence. Mr. de
Gamaches se divertit donc quand il
traitte ceux qui eclaircissent la Question du Mouvement par cete supposition, comme s'ils étoient des En-
thousiastes, & qu'il paroit ne se porter à y repondre que par un excés de
complaisance pour leur foiblesse &
leur cerveau attaqué. Examinons ses
reponses. Dans la premiere il établit que *Dieu, appercevant tout d'u-*
ne

ne simple vûe, sa volonté s'applique directement à tout ce qu'elle opere. Certes Mr. de Gamaches est bien tôt las de sa complaisance; il veut qu'un pauvre Enthousiaste, dont il vient de se moquer, se paye de six mots de reponse. Eclaircissons la pourtant, nous en verrons l'insuffisance. Puisque Dieu voit tout d'une simple vûe & que le but est present à ses yeux, tout comme la boule, sa volonté s'applique aussi directement sur le but, pour l'approcher de la boule que sur la boule pour l'approcher du but. C'est visiblement supposer ce qui est en question, & il est trés évident que s'il suffit que Dieu ordonne à la boule de s'approcher du but, pour faire que ces deux corps, d'éloignés qu'ils sont, devienent contigus, il ne commandera pas au but de s'approcher de la boule. Si telle étoit sa volonté, ces deux corps se rencontreroient par des mouvemens opposés, & leur choc suivroit les regles de ce cas là.

Il ne faut pas une grande attention pour voir que Mr. de Gamaches se tire en habile homme d'un mauvais

pas

pas: Son Discours découvre en lui une vaste capacité, & il n'est pas seulement Philosophe, il est Orateur; il vient de justifier Descartes en éloquent Panegyriste. Présentement il sent la force d'un objection, mais il la dissimule, il la méprise, il n'y veut repondre que par un excés de condescendance. Cependant sa reponse est une *petition de principe*. Mais afin qu'on ne s'en apperçoive pas, il s'exprime obscurement, & en si peu de mots qu'il ne laisse pas a Son Lecteur le tems de s'arrêter sur sa reponse. Ne pouroit-on point lui appliquer ce qu'il vient de dire sur M. Descartes, & penser qu'il s'est deguisé a lui même la force d'une reponse qu'il vouloit deguiser aux autres?

On a d'autant plus de peine à se refuser à cete conjecture qu'on sçait par la legereté du stile de Mr. de Gamaches, que les expressions ne lui coutent pas & qu'il sait s'etendre autant qu'il le trouve à propos.

„ On insiste & l'on dit que,
„ quand ces sortes de changemens
„ s'operent, la volonté de Dieu s'ap-
„ plique directement à de certains
„ corps

,, corps pendant qu'elle n'est appli-
,, quée qu'inderectement aux au-
,, tres. Si je detaille ici une pareil-
,, le objection, on me doit pardonner;
,, il faut bien donner quelque chose
,, à la reputation de ceux qui la font:
,, Je dois les servir à leur mode, &
,, si je ne le faisois pas, peut être
,, s'en feroient-ils un titre pour au-
,, toriser leurs préventions. Je ré-
,, pons donc que ce que disent ceux
,, qui philosophent ainsi, ne peut
,, au plus être regardé que comme
,, une simple hypothese, dont ils
,, n'ont nul droit de se prévaloir. Ils
,, devinent, à moins qu'ils n'ayent
,, sur ce point quelque révelation qui
,, nous manque: Je dis de plus que
,, ce qu'ils veulent que nous croyions
,, sur leur parole, ou sur la foi de
,, leurs prejugés, est injurieux à la
,, Divinité: Ils humanisent Dieu
,, dans ses operations. Nous, par-
,, ce que nous sommes bornés & que
,, nous n'operons rien comme causes
,, veritables, nous pouvons vouloir
,, qu'un Corps change de rapport de
,, distance avec un autre, sans appli-
,, quer nôtre volonté, sans même
,, si-

„ fixer nôtre efprit à tous les diffe-
„ rens raports qui naiffent du chan-
„ gement que nous voulons operer.
„ Mais il n'en eft pas ainfi de Dieu ;
„ nous devons croire qu'il appercoit
„ d'une fimple vûe tout ce qu'il fait,
„ & que fa volonté s'applique directe-
„ ment à tout ce qu'elle opere : Et
„ puis çe n'eft point du tout là ce
„ dont il eft queftion prefentement.
„ Il ne s'agit point ici de la caufe
„ du Mouvement, il s'agit de fa na-
„ ture ; il s'agit de favoir fi le Mou-
„ vement confideré en lui même
„ fuppofe quelque *qualité intime* dans
„ les Corps qui font cenfés fe mou-
„ voir : Mais on voit bien que c'eft
„ ce que les Philofophes modernes
„ n'auroient garde d'admettre ; ils
„ dementiroient l'idée qu'ils nous
„ donnent eux mêmes de la matiere.
„ Il ne faut ni vouloir fe tromper de
„ gayeté de coeur, ni pretendre nous
„ donner le change.

Sans doute il s'eft apperçu lui même de la rapidité avec laquelle il paffe
fur cet endroit : Auffi s'eft-il juftifié
en infinuant que l'objection porte à
faux. *Il ne s'agit point de la Caufe.*
il

il s'agit de la Nature du Mouvement.
Mais il est aisé de lui repondre qu'on
ne remonte à sa Cause que pour en
expliquer sa nature, & cete methode est trés fondée : Une chose n'est
que ce que sa cause à fait qu'elle fût.
Je veux savoir s'il est aussi vrai que
le but s'approche de la boule comme il est vrai que la boule s'approche du but, & si l'état d'un de ces
Corps, est précisément le même que
l'état de l'autre, pour ce qui est de
leur mouvement.

Cete objection me paroit trés facile à resoudre, car je pousse la boule contre le but, mais je ne pousse
point le but contre la boule. Oh!
vous n'êtes qu'une Cause Occasio-
nelle, & il n'est pas necessaire que
l'acte de vôtre volonté se termine sur
tout ce qui en doit resulter, en consequence des Loix établies par le
Createur. Eh bien! soit, remontons
à la Cause premiere, puisque l'argument de la Cause seconde vous paroit
insuffisant. On me force d'en venir
là, & puis on me repond. *Vous sup-*
posés, vous devinés. Avés vous des Re-
velations? On ajoute; *Il ne s'agit pas*

de

de la Caufe du Mouvement, il s'agit
de fa Nature. Je le repete, la nature d'une chofe fe dévelope fouvent
par l'attention qu'on fait à fa Caufe.
L'action de la Caufe qui produit le
Mouvement tombe-t-elle également
fur le Mobile qui s'approche & fur le
terme dont il s'approche? La volonté fuprême ordonne-t-elle également
& au Mobile de s'approcher du terne, & au terme de s'approcher du
Mobile?

„ Il eft manifefte, continue Mr.
„ de Gamaches, que chercher ce
„ que c'eft que le Mouvement, c'eft
„ chercher ce qu'il eft dans les Corps
„ mêmes, c'eft chercher quel eft
„ l'effet de la Caufe motrice, quelle
„ qu'elle puiffe être, & de quelque
„ maniere qu'on la fuppofe deter-
„ minée. Du propre aveu de Mr.
de Gamaches, on va à *decouvrir*
la nature du Mouvement, par l'atten-
tion qu'on fait à fa caufe.
„ Mais, ajoute-t-il, dés qu'on re-
„ conoit que cet effet n'eft, dans la
„ matiere qu'un fimple changement
„ de rapport de diftance, on eft o-
„ bligé de convenir qu'il n'y a rien

E   „ que

,, que de relatif & de reciproque
,, dans ce qui conſtitue la nature du
,, Mouvement.

Le changement de diſtance eſt
relatif: Donc il eſt *reciproque.* Si,
par *reciproque* on entend que le Corps
A & le Corps *B* vont l'un contre
l'autre, cela ſera vrai quand la cauſe
du Mouvement s'eſt appliquée ſur
tous deux, pour leur faire changer
d'état, pour les rendre *déplaçans* &
s'appliquans ſucceſſivement. Mais
cela na pas lieu lors que la proximité
qui ſuccede à l'eloignement, arrive
parce que l'un des deux ſeulement
s'applique avec ſucceſſion à la ſurface qui l'environne.

On demande encor, *Qu'eſt-ce que
la Cauſe du Mouvement met dans le Mobile?* Cette expreſſion peut conduire à
une idée peu juſte, car on cherche-
roit à s'imaginer ce qui n'eſt point, ſi
l'on ſuppoſoit que la Cauſe du Mouvement met dans le Mobile je neſai
quoi qui s'y gliſſe, qu'elle y ſouffle
& qui approche d'être une ſubſtance,
quoi qu'il ne le ſoit pas. J'aimerois
donc mieux demander, Qu'eſt ce que
la Cauſe du Mouvement fait, afin
qu'un

qu'un Corps cesse d'être en repos?
Et alors je repondrai qu'elle fait que
ce Corps applique successivement
sa surface à la surface qui l'environne.
Voila de qu'elle maniere un Corps
passe du Repos au Mouvement, &
voila qu'elle est la nature du Mouvement.

Il me semble que je m'exprime a-
vec assés de clarté pour être en droit
d'emprunter les paroles de Mr. de Gamaches, & de dire aprés lui. Tout
„ faux fuyant seroit inutile ici, &
„ même il siéroit mal à des Philo-
„ sophes de bonne foi de vouloir sau-
„ ver une méprise aux depens de ce
„ qu'ils doivent a l'évidence. Ce
sont là de ces reflexions que Ciceron
appelle *Communes*, & que deux An-
tagonistes peuvent également attacher
à leurs preuves, quoi que ce ne soit
pas avec un droit égal: C'est à leurs
Juges à en decider.

Dans les pages suivantes Mr. de
Gamaches pretend établir que li-
dée du Mouvement absolu ne peut
avoir lieu que dans la supposition de
l'Espace vuide, lieu naturel & essen-
tiel des Corps & different de l'Eten-

E 2 du

duë Corporelle. J'ai déja dit que je
ne savois pas me former d'idée d'un
Mouvement absolu; c'est, autant que
je suis capable de le concevoir, un é-
tat relatif: Mais, pour être relatif,
il n'est pas toûjours reciproque, c'est
à dire, il n'est pas tellement relatif
qu'il n'y ait de la difference entre l'é-
tat d'un corps qui applique sa surface
successivement & l'état de ceux le long
desquels celui ci applique la sienne.

  ,, La masse totale, dit-il, de
,, la Matiere ne peut être ni en
,, mouvement ni en repos; car qui
,, dit repos ou mouvement-dit, com-
,, me on en convient, relation à
,, quelque chose d'exterieur. Or que
,, pouroit-on supposer au de là de l'E-
,, tenduë? Mais si l'état de la masse
,, de la matiere, n'est point deter-
,, miné, celui de ses parties ne peut
,, l'être non plus, l'un est une suite
,, necessaire de l'autre.

  J'ai rapporté les propres paroles de
Mr. de Gamaches, de peur qu'on ne
m'accusât d'avoir changé sa pensée
ou d'avoir affoibli son argument, si
je l'avois exprimé de mon mieux &
dans mes propres termes. J'avoue que

je n'ai pas compris parfaitement les fiens: Si c'eſt pour lui une preuve de la ſuperiorité de ſon genie, c'eſt un plaiſir que je ne veux point troubler, & je me ſais bon gré de le lui avoir fait. Voici mes idées ſur ce dont il me paroit parler.

On ne peut pas, ſans ſe contredire, poſer qu'une Etenduë à qui l'on ne veut donner aucunes bornes, applique ſa ſurface ſucceſſivement ou ſans variation, à la ſurface de ce qui l'environne. Mais ſi l'on ajoute, Donc ce qu'on ne peut attribuer à cete E- tenduë, qu'on ſuppoſe immenſe, on ne peut l'attribuer à aucune de ſes parties, C'eſt tout comme ſi l'on diſoit, Puis qu'on ne peut aſſigner aucune figure à une Etenduë ſans bornes, les portions finies de cete Etenduë ne ſauroient non plus être termi- nées par aucune figure.

Je continuerai à rapporter les pa- roles de Mr. de Gamaches. ,, Ce ,, n'eſt pas tout, dit-il, car les Corps ,, ſe ſervant mutuellement de lieu ,, exterieur, la determination de leur ,, état doit auſſi être mutuelle: Ain- ,, ſi quand ils changent entr'eux de

E 3

,, rap

„ rappors de diſtance, le Mouvement
„ eſt neceſſairement reciproque, &
„ ne peut être attribué aux uns plutôt
„ qu'aux autres que par ſuppoſition.
Un exemple rendra peut être ce
raiſonnement plus intelligible, mais
peut être qu'en même tems il en fera plus evidemment ſentir l'inconſe-
quence. Pendant qu'un valet de
chambre tient la manche d'un juſt'au
corps étenduë, ſon Maitre peut y faire couler ſon bras, & pendant que le
Maitre tient ſon bras étendu, ſon valet peut faire gliſſer la manche de ſon
juſt'au corps le long de ſon bras.
Dans l'un & l'autre de ces cas, dans
le premier, comme dans le ſecond,
la manche ſe meut tout comme le
bras, & le bras tout comme la manche. Je ſai bien que c'eſt là l'hypotheſe de Mr. de Gamaches; mais je
vois auſſi que ce qu'il en allegue pour
preuve n'eſt qu'une pure petition de
ſon hypotheſe même, & c'eſt ce quon
appelle dans l'Ecôle en termes moins
elegans que ceux dont il ſe ſert, *Petition de principe.*

„ Tout cela ſuit neceſſairement des
„ principes que j'ai d'abord établis,
„ &

„ & qu'on fait être le fondement de
„ la nouvelle Philofophie.

Lors qu'un Metaphyficien, aprés
s'être abandonné à fes idées abftraites
& en avoir tiré confequences fur confequences, eft enfin parvenu à quelque conclufion extrêmément paradoxe, plus les confequences par ou il y
eft venu font liées entr'elles, plus le
principe, d'où elles coulent toutes, lui
doit être fufpect & l'engager à une re-
vifion tres attentive & trés circonfpecte.

Dans les pages fuivantes Mr. de Gamaches s'égage à faire des paralleles
entre les demi Cartefiens & les Phy-
ficiens de l'ancienne Ecôle, entre ceux
qui penfent jufte par hazard & ceux
qui penfent jufte pour favoir raifon-
ner confequemment. Mais fi les
preuves qu'il allegue en faveur de fon
Mouvement relatif, font folides, elles le font independamment de toutes ces remarques, & fi ces preuves
ne font pas juftes, toutes ces reflexions retombent fur leur Auteur. Ce
font là de ces ornemens par où les
Avocats embelliffent leurs plaidoyers;
mais ils ne font rien moins que dans
leur place quand il s'agit d'une difcuf-
fion de Phyfique. Je

Je suis Mr. de Gamaches de plus prés qu'il m'est possible & avec toute l'attention dont je me trouve capable, pour ne laisser échapper aucune des preuves par où il pouroit m'éclairer & me convaincre. Dans ce dessein, parvenu à me de ses pages je me flatte d'y en trouver *dont avec un peu de justesse d'esprit je pourai aisement mappercevoir.* C'est ce qu'il me fait esperer, & c'est un avis charitable par où il reveille l'attention d'un Lecteur qui pouroit être distrait ou nonchalant. Mais je n'y trouve rien qu'une repetition de ce qu'il a dit, & pour repondre, je n'ai qu'à rappeller moi même ce que je viens de dire sur l'equivoque du terme *d'absolu*, quand on l'applique au Mouvement, & sur le tort qu'on a de confondre le terme de *relatif* avec celui de *reciproque*. Mais je veux bien m'arrêter encore sur le nouveau tour qu'il donne à sa preuve : Pour éviter toute équivoque, je l'énoncerai ainsi. Pour concevoir que le Corps *A* s'approche du Corps *B* sans que le Corps *B* s'approche du Corps *A* & se meuve aussi vers lui, dit Mr. de
Ga-

Gamaches , il faut ou attribuer au Corps *A* une force qui n'eft pas dans le Corps *B* , ou fe figurer que le Corps *A* s'applique fucceffivement aux differentes parties d'un efpace different de la Matiere. Voici ma reponfe. Si, par cete force qui doit être dans le Corps *A* plutôt que dans le Corps *B*, on entend je ne fai quelle qualité infufe , je ne fai quelle qualité qui foit fubftance ou approche de lêtre , quelque chofe de femblable à ce que nous fentons chés nous & que nous defignons par le terme déffort, je ne conçois & je n'admets rien de tout cela. Mais fi, par une force qui fe trouve dans le Corps *A* fans fe trouver dans le Corps *B*, on entend un état, une maniere d'être, une maniere d'appliquer fa furface, je conçois que le Corps *A* âpplique fa furface fucceffivement, ce que ne fait pas le Corps *B*.

Mais pour cela , ajoute-t-on , il faut neceffairement fuppofer un efpace different de la Matiere , aux differentes parties duquel le Corps *A* applique fa furface fucceffivement. Point du tout , car on peut concevoir

voir qu'il l'applique fucceſſivement
le long d'une concavité qui l'embraſſe, & ſi la ſurface du Corps *A* eſt parfaitement polie, cete concavité à laquelle il S'pplique fucceſſivement, pourra être la ſurface d'un corps tresdur.

Suppoſons une Intelligence qui ait
reçu du Createur le pouvoir de mettre en mouvement les Corps par l'efficace de ſa volonté. Une ſeringue eſt
affermie dans un mur par le moyen
d'un cilindre ſoudé à ſa ſurface exterieure: Cette Intelligence ordonne
que le piſton applique fucceſſivement
ſa ſurface convexe le long de la concavité de la ſeringue. Afin que cete
volonté ait ſon effet, eſt-il neceſſaire
que la ſeringue ſe meuve elle même
contre le manche du piſton? Elle ne
peut ſe remuer ſans ſe detacher du
mur, ou ſans que le mur ſe remüe
avec elle, & avec le mur tout le ſol
ſur lequel il eſt affermi. Aprés cela
on peut ſuppoſer que le manche de
la ſeringue eſt affermi à ſon tour dans
le mur & que le Corps de la ſeringue
applique fucceſſivement ſa ſurface
concave le long de la convexité du
piſton. On peut enfin concevoir
que

que ces deux parties font libres, &
que les deux mouvemens qui vienent
de se faire l'un aprés l'autre se font en
même tems. On est obligé d'user de re-
dites pour repondre à des repetitions.

Je laisse tant que je puis tout ce
qui ne fait pas à mon sujet. Dans
les pages qui suivent ce que je viens
dexaminer, on trouve du pathetique,
des exhortations, des censures, un
zele vif & tendre pour le Cartesianisme, des mouvemens de pitié ac-
compagnés d'indignation pour ceux
qui ne savent pas être vrais Cartesiens,
& pour finir au moins en Physicien
cette declamation, on dévelope la
cause de leur meprise. Le grand nom
„de Descartes nous a entrainés à pro-
„fesser sa doctrine, mais nous n'a-
„vons pas eu assés d'esprit pour y bien
„entrer; sa lumiere n'a pas dissipé
„toutes nos tenebres; nous n'avons
„pas sû nous rendre propres toutes ses
„idées; elles ne font chés nous que
„par emprunt; nous ne sommes point
„faits à les manier; elles nous fati-
„guent, & aprés quelques efforts pe-
„nibles pour nous élever, nous som-
„mes las & nous tombons dans nos

E 6

„pro-

„ propres idées, qui font celles des pré-
„ jugés. Mais fi les preuves de Mr. de
Gamaches ne font pas demonſtrati-
ves, s'il n'y à qu'à lever l'équivoque
des termes pour découvrir le foible
de fon ſyſtême, Mr. de Gamaches
aura eu le plaiſir de ſe moquer de
nous par avance, mais peut être que
tous ſes Lecteurs ne s'en moqueront
pas. Tout ce que je puis lui dire
c'eſt que je ne lui ſai point abſolument mauvais gré de ſes faillies; Je
les ai lues plus d'une fois, & toujours,
je l'en aſſure, avec un nouveau plaiſir. Auſſi n'ai-je garde de les examiner de plus prés; je me contente
de hazarder encore cette remarque,
c'eſt que, comme un bon Proteſtant
c'eſt celui qui ſuit les principes du
Proteſtantiſme, qui ne croit rien ſans
l'avoir examiné, & qui en liſant les
Theologiens, dont il fait le plus de
cas, ſepare toujours ce qu'il trouve
ſolidèment prouvé d'avec ce qui ne
lui paroît pas établi avec la même e-
vidence: De même un vrai Carte-
ſien c'eſt celui qui imite de plus prés
le courage & la liberté de ce grand
homme, & qui, pour mieux ſuivre
ſon

son exemple, ose examiner aprés
lui, separer de sa Philosophie ce qui
n'est pas assés juste pour lui faire honeur. Il est certain que Mr. Descartes n'avoit jamais borné ses vûes à
donner les premiers principes de la
Physique ; il ne se proposoit pas
moins que de déveloper la machine
de l'Univers & d'entrer dans le détail de ses plus petits ressorts. On
conçoit qu'un si grand dessein qu'il
avoit à coeur, ne lui a pas permis
de s'arrêter sur tous les principes
qu'il avoit posé, autant qu'il lui auroit été necessaire. Les grans genies se font quelque fois, illusion,
& cela d'autant plus aisément qu'ils
sentent leurs forces. Mr. Descartes
voloit à l'explication des grands phénomenes ; ils avoient plus d'attraits
pour lui que les premiers principes;
il ne se défioit point de lui même sur
des matieres si simples. Aprés avoir
conçu que le Repos étoit une maniere d'être réelle, il passa précipi-
tament à attribuer aux Corps en repos autant de force pour resister
qu'il en donnoit aux Corps en mouvement pour detruire le repos. Il

eta-

etablit là deſſus des Loix bien liées
entr'elles & avec leurs principes. Cette enchainure lui fit plaiſir & l'atta-
cha toujours plus à ſon ſyſtême. Il
ſentoit pourtant que cete parité de
force n'etoit pas ſans difficulté: Une
idée ſe préſenta qui lui parût répandre ſur cete parité quelque vraiſem-
blance. Qui dit Mouvement dit
changement dans le rapport de diſtance.   Le changement eſt reciproque : On peut donc attribuer au
Corps qu'on dit être en rèpos autant
de reſiſtance que ſi on le concevoit
ſe porter par un mouvement oppoſé
contre celuy qui va le trapper. Il
ſe défit par là d'une difficulté,
mais il s'en défit avec precipitation
& ſans remarquer qu'il n'étoit pas
d'accord avec lui même.

Si l'on admet l'hypotheſe Carteſi-
ene de Mr. de Gamaches , dès qu'il
y a eu dans l'Univers un mouvement,
pour petit qu'il ait été , tous les
corps ont ceſſé d'être en repos, puiſ-
qu'il n'y en a eu aucun dont le rapport de diſtance n'ait changé par rapport à celui là. Que devient donc
l'idée du Repos? C'eſt une idée chi-
merĩ

merique qu'on ne peut appliquer à aucun sujet, & quand Descartes dit que, pour se former une idée du Mouvement, il faut se representer les Corps avec les quels on compare le Mobile comme des Corps en repos, il dit qu'il faut se les representer dans un état où ils ne sont point, & par consequent qu'il faut s'en former une idée fausse.

Dira-t-on que, pour se former une idée du Repos applicable à des objets qui y repondent exactement, il faut se representer l'Univers comme une vaste étendue, où il ne s'est encore fait aucun mouvement? J'y consens, & je m'abstiens tout exprés de remarquer que suivant Mr. de Gamaches, l'Univers & toutes ses parties sont, dans ce cas là, dans un état indeterminé, qu'on ne peut appeller ni un état de Mouvement, ni un état de Repos. Je ne le pense pas ainsi, & je veux envisager son systéme independamment de cète remarque, qui n'y est point essentielle. Il me paroît qu'on peut designer par la pensée tant de parties qu'on voudra, rondes, triangulaires, quarrées, &c.

&c. dont chacune garde conſtam-
ment ſa ſituation par rapport à celles
qui l'environnent, & s'y applique au
ſecond moment tout comme au pre-
mier, & au 3e. tout comme au ſecond.
Qu'on deſigne préſentement par la
penſée une portion ſpherique. Si
Dieu, dont la volonté eſt, par elle
même, ſouverainement efficace, ordonne que cete ſphere applique ſucceſſivement, ſa ſurface convexe à la
concavité qui l'embraſſe, l'Intelligence Infinie, à qui tout eſt preſent,
verra bien que les autres Corps de
l'Univers ne ſeront pas ſitués, par
rapport aux parties de cete boule,
comme ils étoient auparavant, & que
le rapport de leur ſituation avec les
parties de cete boule ſera changé,
mais elle verra auſſi, 1°. Que ce changement aura une cauſe, 2°. Il verra
que la cauſe s'en trouve dans le nouvel état de cete ſphere, qui, au lieu
d'appliquer les mêmes parties de ſa
ſurface convexe aux mêmes parties
de la concavité qui l'environe, les
applique ſucceſſivement à de diffé-
rentes. Elle verra, dis-je, que la
cauſe en ſera dans cete ſphere, a qui
elle

elle a fait changer d'état & de maniere d'exister, & non point dans les
autres Corps, dont chacun sera resté
précisément tel qu'il étoit avant qu'il
s'élevât aucun Mouvement dans l'U-
nivers.

Dans la supposition que les Corps
ne continuent à exister, que parce que
leur existence est l'effet d'une reproduction non interrompue, l'Etre supreme reproduiroit la sphere dont je
parle, en l'appliquant la seconde fois
differemment de ce dont elle l'étoit
la premiere, & la 3e. differemment,
de ce dont elle l'étoit la seconde, &
il reproduiroit les autres Corps, appliqués chacun sur son voisin toûjours
de la même maniere, la même partie
sur la même partie.

Mr. de Gamaches parle plus d'une
fois de ceux qui savent penser. A son
imitation me sera-t il permis de parler aussi de ceux qui savent s'instruire. Quand on possede cet art on profi-
te de tout ce qu'on lit, de quelque plu-
me qu'il sorte. Le langage de l'Ecôle
est souvent obscur, souvent il ne sig-
nifie rien, mais quelque fois aussi il a
un sens qui merite de l'attention. Or
les

les Philosophes de l'Ecôle me paroiffent avoir remarqué judicieufement,
que quand on compare deux termes,
les noms qu'on leur donne pour exprimer cete maniere dont on les confidere, marquent quelquefois un changement réel dans l'un, fans en mar-
quer aucun dans l'autre, par rapport
auquel ils ne font, difent-ils, que des
denominations exterieures. Deux hommes, par exemple, font aujourdhui
également favans: Voila un rapport
d'égalité, dont le fondement eft également réel dans l'un & dans l'autre.
L'un d'eux ceffe d'étudier pendant u-
ne année entiere; mais l'autre pouffe
fes études avec une extrême application, quoi qu'il fe trouve que le premier n'ait rien oublié. Il y a entr'eux
un rapport d'inegalité, & ce rapport
fait donner à l'un le titre de moins
favant, & à l'autre celui de plus favant. J'exprime donc leur rapport
dans d'autres termes que je ne faifois
auparavant: Je ne les appelle plus é-
galement favans; j'appelle l'un plus
favant & l'autre moins favant. Que
marquent ces nouveaux termes? Un
nouveau rapport. Mais ce nouveau
rap-

rapport emporte-t-il un changement
égal des deux côtés? Point du tout.
Le nouveau nom de *moins savant* eſt,
par rapport au premier, une denomination exterieure ; ſon ſavoir n'eſt
point devenu moindre, c'eſt uniquement celui de l'autre qui a augmenté.
Pour ſentir le verité de cete remarque
avec encore plus d'évidence, qu'on s'en
repreſente un 3ᵉ. qui, égal en ſavoir
à chacun de ces deux, a oublié une
partie de ce qu'il ſavoit: En ce cas
là moins ſavant ne ſera plus pour lui
une denomination ſimplement exterieure, le nouveau nom qu'on lui
donnera, en le comparant aux autres, ſera l'effet d'un changement qui
ſera arrivé. J'ajouterai un autre exemple qui aura un rapport plus immediat avec le Mouvement. Neuf
ſtatues ſont poſées ſur des piédeſtaux
d'égale hauteur. On éleve celle du
milieu. Quand donc je compare ces
ſtatues, je dis que celle du milieu
eſt plus exhauſſée. Cela marque un
changement réel qui lui eſt arrivé: Je
dis que les autres le ſont moins: C'eſt
une denomination exterieure: Elles
ne ſont point deſcendues, & il n'y a
au-

aucun Cartefien qui ne m'acufât de rêver fi je le prétendois. On pou-roit de même fuppofer que l'on en baiffe huit & que l'on ne touche point à la neuvieme.

On arrive à une maifon par qua-tre avenues differentes: Le feu s'y prend: On accourt de tous côtés pour l'éteindre. Un Cartefien qui en eft le témoin & qui fait penfer comprend que fi l'on court à cette maifon, cette maifon de fon côté s'a-vance réciproquement, avec autant de viteffe au devant de ceux qui arrivent à fon fecours, C'eft au vulgaire à ê-tre effrayé par des confequences, l'a-mè d'un Philofophe ne s'ébranle point par ce qu'elles ont de paradoxe, pourvû qu'elles foyent bien liées avec le prin-cipe qu'il a une fois adopté. Un vrai Cartefien fentira l'elevation de fon ge-nie au deffus des préjugés. Quand, malgre ce que fes yeux, la Nature & le bon fens lui dictent, il faura penfer que cete maifon fe porte tout à la fois du côté du Septentrion, du Midi, de l'Orient & de l'Occident, auffi réellement & auffi veritablement qu'il eft vrai qu'on y accourt de tous

ces

ces termes là, Pour foutenir cet é-
trange paradoxe, de tous les paradoxes peut être le plus incroyable, on
a recours à l'hypothefe incomprehen-
fible de la durée des Creatures, qu'-
on fuppofe être l'effet d'une Création
continuellement réiterée, & on fe
met fous la protection des Theologiens, fi redoutables autrefois à Mr.
Defcartes. Si Mrs. les Theologiens
veulent nous affujettir à leurs exag-
gerations Metaphyfiques, il n'y a
plus moyen de tenir. Nous refpe-
cterons leur autorité pendant qu'ils
s'appuyeront fur des paffages clairs &
exprés de l'Ecriture Ste. Je n'en
vois que deux qu'ils puiffent alleguer: Mais, pour faire qu'un paffa-
ge ferve de preuve, il ne fuffit pas de
le citer. St. Paul dit que *nous avons
en Dieu la vie, le mouvement & l'etre.*
Prendra-t-on cella à la lettre? Il faudra faire de l'immenfité divine confiderée comme l'efpace où les Corps fe
promenent, un Dogme facré & un
article de foi. Affoiblira-t-on ce paf-
fage quand on fe contentera d'y apprendre que Dieu n'eft pas feulement
Auteur de la vie, par l'arrangement

mer-

merveilleux qu'il a sû donner aux differentes parties de nôtre Corps & par
la proportion qu'il a établi entre leurs
mouvemens. Ces mouvemens il ne les
a pas trouvé repandus dans l'Univers,
il les a produits, c'est par lui que le
Mouvement a commencé ; c'est de
lui qu'il tient sa nature & cete activité essentielle à sa nature, par laquelle il se conserve tel qu'il doit ê-
tre pour faire subsister l'Univers dans
sa force & dans sa beauté, cete Matiere que Dieu a mis en mouvement
il ne l'a pas trouvée toute faite, elle n'étoit point ; c'est lui qui lui a
donné l'existence.

On lit encore que *J. Christ soutient
toutes choses par sa Parole puissante*, &
on applique ce passage à sa Nature
Divine. Mais en affoiblira-t-on la force
& ne lui donnera-t-on pas un sens trés
sublime & trés digne de Dieu, quand
on dira que sa Parole ou sa sagesse,
sa volonté trés efficace, ont donné
l'être à ce grand Univers, & qu'il en
a reçu une existence durable. C'est
à l'efficace de cete puissance infinie
que l'Univers doit cete existence dans
laquelle il se soutient. Mais s'autoriser

riſer de ces paroles pour ſe repreſenter le Neant comme un abime d'une
profondeur infinie, ou chaque Creature tend à s'aller perdre par la pen-
te d'une lourde peſanteur, & où elle
retomberoit infailliblement aprés en
avoir été tirée, ſi Dieu ne la preſer-
voit de cete chute par ſa Toute puiſſance, Ce ſont là des idées qui ne reſ-
ſembleroient, pas mal à des rêves, ſi
l'on prenoit au pié de la lettre les
termes dans lesquels on les exprime.
Le Pſeaume 148. nous inſtruit du
ſens dans lequel on doit interpreter
les paroles de l'Epitre aux Heberux.
Que toutes choſes, dit le Prophete Roi,
*louent le nom de l'Eternel, car il a com-
mandé & elles ont été crées; il les a é-
tablies à toûjours & à perpetuité.* Les
expreſſions des Theologiens au ſujet
de la Conſervation des Creatures, ſi
on les prenoit au pie de la lettre, n'i-
roient pas moins qu'à renverſer toute la difference des Oeconomies divi-
nes, dont l'explication eſt leur objet
propre. L'impuiſſance de l'homme tombé ne ſeroit ni plus ni
moins grande que celle de l'homme
dans l'état d'integrité: dans l'un &
dans

dans l'autre de ces états l'homme eſt
comme tiré du neant à chaque inſtant
aſſignable & reçoit de ſon Createur
ſon exiſtence & toutes ſes ſuites,
comme s'il ſortoit du neant : ſa ſubſtance, ſes états, ſes modifications,
ſes rapports.

Pour moi j'avoue que le ſeul em-
preſſement de M. Bayle pour cete hypotheſe ſuffiroit deja pour me la rendre ſuſpecte. Tout Pyrrhonien qu'il
ſoit, il en parle comme de la verité
du monde la plus inconteſtable, pour
ſe donner le plaiſir d'en tirer des argumens qui renverſent la Religion &
toutes les idées que nous avons de la
ſageſſe, de la juſtice & de la bonté
de Dieu. Mais enfin pour peu que
les Theologiens veulent être dociles
& nous permettre de raiſonner ſur
une hypotheſe, où ils ne ſont parvenus qu'en raiſonnant, je les prierai
de conſiderer que, comme il y a de
la difference entre être & n'être pas,
il y a auſſi de la difference entre la
Creation qui donne l'être à ce qui
n'étoit pas & la *Conſervation* qui le
continue à ce qui eſt deja. Ils conviennent que nons n'avons pas d'ideé
                                    ſar

sur la maniere dont les Etres sont crées & tirés du neant : Trouve-ront-ils mauvais si de lá on conclud que nous en avons d'autant moins sur leur conservation qu'elle approche de plus prés d'être une Creation ? Aprés leur avoir representé tout cela, je ne crois pas qu'ils trouvent mauvais si j'ajoute que cette Question si on la pousse dans le detail, est Philosophique bien plus que Theologique : Car à quel but un Theologien la proposet'il & la traite-t-il ? C'est sans doute pour élever les hommes à de grandes idées de Dieu & les porter à le craindre & à lui rendre graces. Mais quelle plus grande idée que celle d'un Etre qui peut donner à ce qui n'étoit point, une existence durable ? Comment ne craindrions nous point celui qui peut nous ôter à chaque instant ce qu'il nous a donné ? Qu'il le puisse en retirant simplement son concours, c'est à dire en cessant d'agir & de vouloir l'existence ou en ordonnant l'aneantissement, n'est ce pas la même chose & n'y a-t-il pas également de raison de côté & d'autre pour le crain-

F

dre ?

dre? S'il nous a donné une exiſtence durable, l'obligation que nous lui en avons eſt-elle moins grande qui s'il nous la renouvelloit à chaque moment?

„ Tout bon Philoſophe, dit Mr.
„ de Gamaches, convient préſente-
„ ment avec les Theologiens que la
„ conſervation des Etres créés eſt
„ une emanation de la toute-puiſſan-
„ ce de Dieu, que c'eſt une ſuite
„ non interrompue de reproducti-
„ ons, une creation continuellement
„ reïterée. Voila ſon principe. A-
vant que de l'examiner & de paſſer dés là aux conſequences qu'il en tire, je me croirois plus en droit de lui demander d'où il a cette revelation qu'il ne l'étoit de faire cette même demande.

On n'a point beſoin de revelation pour ſuppoſer Dieu ordonnant à un Corps de ſe deplacer ou de s'approcher d'un autre, & pour voir le Mouvement naitre de cet ordre. Il eſt toujours permis de faire des ſuppoſitions poſſibles, & non ſeulement on voit que celle ci eſt de ce nombre, il faut neceſſairement y venir pour attraper

l'oril'origine du Mouvement. Mais quel besoin n'auroit-t-on pas d'une revelation des plus expresses pour se rendre à une hypothese qui va directement à renverser tout ce que la Religion enseigne ? Si une Intelligence a besoin d'etre reproduite au commencement de chaque instant, tout comme si elle étoit aneantie un moment aprés celui de chaque creation, que signifient les commandemens ? Ils s'adressent à ce qui va tomber dans le neant, qui est par consequent hors d'etat d'en conserver aucun souvenir. Cette Intelligence à qui Dieu vient de donner un ordre; il faut necessairement qu'il la crée de nouveau avec l'idée de cét ordre. Ce n'est pas tout, il la créera avec des mouvemens qui l'éloignéront de cet ordre, ou avec des mouvemens qui le feront executer. Au premier cas il est absolument impossible qu'elle obéïsse, & au second il est impossible qu'elle n'obéïsse pas. Obéissance Desobeissance ce sont là de pures apparences qui ont quelque air de réalité, & qui ne paroissent belles qu'autant qu'on les regarde comme

des

des realités & non comme de simples
apparences, c'eſt à dire que tout ce
qu'il y a de moral dans la conduite
des Créatures par rapport à Dieu &
dans celle de Dieu par rapport aux
Créarures ne préſente rien de beau
qu'á meſure qu'on donne dans l'illuſion, qu'on oublie ce que les Creatures ſont & qu'on les ſuppoſe ce
qu'elles ne ſont pas : Toute la Mo-
rale ne roule que ſur de beaux ſonges, & qui ceſſent d'être beaux dés
qu'on les reconoit pour des ſonges :
Tout ce qu'on appelle ſageſſe, juſtice, miſericorde n'en a que l'apparence, & n'eſt qu'un jeu qui mortifie dés
qu'on le conoit : L'admiration ſe diſſipe en même tems que l'ignorance.   En vain donc Mr. de Gamaches ſe met à couvert ſous l'autorité
des Theologiens ; ce n'eſt pas de bonne grace, ce n'eſt point ſe battre à
armes egales, ni diſputer en veritable Philoſophe. Les Théologiens
ſont quelquefois des perſonnes de
mauvaiſe humeur & des perſonnes
redoutables, il n'eſt point à ſouhai-
ter qu'ils ſe mêlent dans nos diſputes.
J'avoue qu'ils ne ſont pas également
à crain-

à craindre dans toute forte de Païs:
Mais, fous quelque fouverain qu'on
vive, on peut là deffus penfer autrement que le commun des Théologiens, & le Dogme fur lequel Mr.
de Gamaches établit fa Phyfique n'a
encor été decidé dans aucun Conci-
le, ni dans aucune Confeffion de Foy.
& il y a bien apparence qu'il ne le
fera jamais; car enfin il anéantit le
poids des motifs; il aneantit l'injufti-
ce du vice & par confequent la jufti-
ce des peines: Il aneantit l'éclat réel
de la vertu & il fait à peu prés, le
même effet fur cette proportion qui
releve le prix des recompenfes. St
Paul pofe en termes exprés qu'un
homme qui auroit parfaitement ac-
compli le Loi pouroit être juftifié
par fes oeuvres, & que la recompenfe lui feroit accordée, non comme fimple grace, mais comme due
en certain fens. Or certainement
elle n'eft dûe en aucun, fi la Créature
ne fait rien, & elle ne fait rien fi,
au commencement de chaque moment affignable, elle eft créée avec
tout ce qui fe trouve en elle, & fi
de même à la fin de chaque mo-

F 3   ment

ment, pour infiniment petit qu'on le
fuppofe, elle eft prête de tomber
dans le neant & y retomberoit infailliblement fi une nouvelle creation ne
fuccedoit inceffamment à la précedente. Dans cette hypothefe la pu-
nition des méchans fait fremir d'horreur; Chacun d'eux commence d'é-
xifter precifément tel que Dieu le
crée, c'eft Dieu feul qui fait fa fubftance & toutes fes modifications.
Ce premier inftant eft fans intervalle
fuivi d'un fecond, où Dieu crée de
même une ame & toutes fes modifications. Il en eft ainfi d'un 3e. par
rapport au fecond de forte que pendant tout le cours de fon éxiftence,
une ame n'eft rien que ce que Dieu
la fait être & ne renferme rien que
ce que Dieu y a mis. Cependant ce
même Dieu l'accable de reproches,
il la condamne aux plus àffreux fup-
plices, & d'inftant en inftant il ex-
erce fa puiffance infinie pour renou-
veller non feulement l'exiftence &
les fentimens de defespoir de cette
ame infortunée, mais encore fes
blafphemes, fes mouvemens de haine
& d'horreur contre celui qui la créée,
à qui

à qui elle reproche d'avoir été punie sans l'avoir merité, puis qu'elle n'a jamais fait que ce qu'il lui a fait faire inévitablement. En voila assés pour ce qui est des Theologiens.

Mr. de Gamaches anéantit encore, par le principe de sa Physique, tout „ merite Philosophique. *Il est éton-* „ *nant*, dit-il à la fin de son Aver- „ tissement, quaprés d'aussi grands „ Maitres que ceux que nous a tourni „ nôtre siecle, nous n'ayons point „ encor acquis la facilité de nous é- „ lever au dessus des conceptions „ communes: Si ce n'est pas nôtre „ faute, nous en sommes plus à plain- „ dre, mais du moins nôtre attenti- „ on dépend-elle de nous: Don- „ nons la donc à ce que nous avons „ à rechercher ici. Mais quand se- rions nous les maitres de nôtre at- tention? Quand dependroit elle de nous? En depend elle au moment que nous commençons d'exister? Dans ce premier moment ne sommes nous pas necessairement tout ce que Dieu nous fait être & rien de plus? Dans le moment qui suit de plus prés & sans aucun intervale ce premier,

ne

ne fommes nous pas créés tout de même que fi l'exiftence que nous avions reçu dans le premier avoit été aneantie & que nous en reçuffions une toute nouvelle dans le fecond? Si donc nous ne profitons pas des grandes leçons que Dieu nous donne par la Nature, & par la revelation, par les foins continués de fa providence, *ce n'eft pas nôtre faute* , & nous paffons pour plus coupables lors que *nous fommes feulement plus à plaindre.*

Mais c'eft peut être ici une de ces verités incommodes, par où la Raifon harcelle de tems en tems la Théologie, en oppofant fon evidence à l'obfcurité de la Foi? Voyons! *La Confervation des Etres créés eft une émanation de la Toute puiffance de Dieu.* Certainement on ne trouvera pas, dans ce langage une lumiere qui puiffe alarmer la Foi. Si ces expreffions étoient juftes, l'exiftence des Creatures feroit un écoulement de l'Etre éternel même, car la Puiffance de Dieu c'eft Dieu lui même entant que puiffant, & que peut-il émaner, que peut-il fortir de lui que ce qui y eft? Dira-t-on que ces termes font metaphori-

ri-

riques? J'en Conviendrai, mais j'a-
jouterai auſſi qu'il ne faloit pas en
compoſer un principe, & que,
ſur une matiere autant obſcure par
elle même que celle là & autant au
deſſus de l'eſprit humain, il faut ſe
taire ou s'enoncer dans le langage le
plus ſimple. Si donc, pour s'exprimer plus intelligiblement, on dit
que l'exiſtence des Creatures eſt un
effet qui reſulte de l'ordre efficace de
la volonté Divine, il me paroit qu'on
dira vrai; mais il me paroit auſſi qu'-
on ne peut tirer de là aucune conſequence pour la Creation continuellement réiterée, pour la ſuite non interrompue de reproductions. Cette
ſuite non interrompue de reproductions préſente même, des qu'on s'y
rend attentif, une contradiction ſi viſible que la foi ſe trouve à couvert de
toutes les allarmes que lui pouroit
donner ce Dogme: Car voici comme je raiſonne.

Afin que les reproductions ne ſoient
point interrompues, il faut que chaque production ne dure qu'un inſtant:
Si depuis le commencement de la
premiere juſques à la fin il y avoit

F 5

quel-

quelque intervale , pendant cét intervale la Creation ne seroit pas reproduite, & dés qu'elle pouroit exister pendant la durée d'un petit intervale sans être reproduite , la reproduction ne seroit pas essentielle a son éxistence, Sans reproduction elle pouroit exister pendant un intervale de tems deux fois plus long que le promier, & par là même raison pendant un intervale 4 fois plus long, 8 fois plus, &c. en un mot pendant un intervale aussi long qu'on voudroit le supposer.

L'exiftence duë à la premiere production n'ayant donc été que d'un inftant indivifible , & la feconde, qui fuit immediatement & fans aucun intervale la premiere , étant elle même comme cete premiere , fans intervale depuis fon commencement jufques à fa fin ; étant d'une petitesse indivifible, on voit évidemment qu'elle ne fauroit ajouter aucune durée a la premiere : Car je demande, La durée de deux productions de combien prolongeroit-elle la durée d'une feule? Ce ne feroit précifément que de la durée d'une, & cette feconde

étant

étant elle même sans durée, la durée
de la premiere existence ne croîtroit
par là d'aucune durée.

Or dés que deux ne formeroient
pas une durée plus longue qu'une,
trois ne dureroient pas plus que deux,
& par conséquent pas plus qu'une.
Il seroit donc autant impossible que
la suite non interrompue de reproductions formât une durée, qu'il est
impossible qu'une suite de points in-
divisibles, & chacun sans étendue,
forme une masse étendue, & le plus
fort & en même tems le plus simple
des argumens par où l'on combat les
Atomes, en fait naitre un contre
l'hypothese sur la quelle Mr. de Gamaches établit son systême.

Ce n'est pas le seul argument que
l'on puisse y opposer; En voici un
qui demande moins d'attention & qui
na pas moins de force. La même
raison qui nous convainc qu'on ne
peut, sans contradiction, refuser de
reconnoitre la volonté de l'Etre infini assés efficace pour que ce qui n'e-
xistoit pas commence d'exister, dés
qu'elle l'ordonne, ne nous oblige pas
moins de reconoitre qu'elle est assés
effi-

efficace, pour que ce dont elle ordonne l'exiſtence réelle & durable,
commence non ſeulement d'exiſter,
mais continue. Ce qui exiſte dêja eſt
viſiblement plus prés d'exiſter encore que quand il n'étoit pas. Plus on
concevra de diſtance du neant à l'être,
c'eſt à dire, plus on concevra de difference entre ce qui eſt & ce qui n'eſt
pas, plus cét argument ſera fort:
Comme le neant n'eſt point determiné à éxiſter, n'eſt point determiné à
devenir un Etre, par la même raiſon, ce qui exiſte, par la même qu'il
eſt un Etre, n'eſt point déterminé à
ceſſer d'être & a devenir neant. Il
implique contradiction qu'une Créature ſoit égale à Dieu, car ce qui a
été produit pouroit n'avoir pas été
produit, ſon exiſtence n'eſt pas neceſſaire: Ce qui a été produit doit
ſon exiſtence à un autre. Mais il n'implique point contradiction que ce qui
éxiſte ſoit réel & determiné à durer,
par là même qu'il exiſte. La force
d'un Etre c'eſt cet Etre même conſideré en un certain ſens & ſous de certains rapports. Si donc la force des
Creatures n'eſt point réelle, ſi elle
n'eſt

n'eſt qu'apparente, l'être même de la Creature ne ſera pas réel, il ne ſera qu'apparent : L'éténdue a une exiſtence réelle & durable, l'Etendue, par là même qu'elle eſt Etendue, eſt réelle, mais elle n'eſt pas agiſſante, elle eſt pourtant capable de le devenir, & elle le devient en effet dés que la volonté efficace de l'Intelligence ſupreme veut que ſon état ſoit un état de Mouvement, l'état d'un Corps qui change de ſituation, l'état d'un Corps qui applique ſucceſſivement ſa ſurface à ce qui l'environne. Il me ſemble que ces idées ſont claires, & par là même qu'elles le ſont chacune, ſi l'une s'oppoſoit à l'autre, c'eſt a dire, ſi elles renfermoient la moindre contradiction, il ſeroit facile de s'en appercevoir.

Mais quand on accorderoit à Mr. de Gamaches la ſuppoſition dont il fait ſon principe, on ſeroit toûjours en droit de lui nier la conſequence qu'il en tire, & qui certainement n'en eſt point une ſuite neceſſaire. *Il n'y a point d'inſtant*, dit-il, *ou l'action de Dieu ne tombe ſur toutes les parties de la matiere à la fois*. Soit; elle y

F 7

tom-

tombe pour les reproduire, pour leur
rendre au second inftant l'éxiftence
qui fans cela auroit fini avec le premier. Mais elle ne tombe pas fur toutes, pour reproduire chacune dans le
même état que les autres, & comme
il reproduit rondes celles qui étoient
rondes, quarrées celles qui fe trouvoient quarrées, il reproduit en repos
celles qui étoient en repos & reproduit en mouvement celles qui étoient
en mouvement. Quand il veut que
le rapport de diftance entre deux
Corps ceffe d'être le même, il peut
éxecuter ce qu'il veut en diverfes maniere, il peut vouloir que *A* fe porte
vers *B*, il peut vouloir que *B* fe porte vers *A*, il peut vouloir que *A* &
B aillent à la rencontre l'un de l'autre; & une preuve que ce font là des
cas differens, c'eft qu'ils donnent lieu
à des chocs dont les fuites font trés
differentes.

Les argumens que les Methaphy-
ficiens tirent pour établir ce préten-
du article de foi me paroiffent des fo-
phifmes. L'exiftence des Créatures,
difent-ils, n'eft point une éxiftence
neceffaire. Donc il faut qu'une caufe

se exterieure la determine sans cesse à durer.

A cela je repons, L'éxistence des Creatures n'est pas une éxistence necessaire, car si cela étoit les Créatures seroient éternelles & elles ne seroient pas même des Créatures : J'en tombe d'accord. Leur Existence n'est pas necessaire : Donc elles ne sont pas éternelles, & une cause exterieure les a determiné à être plutôt qu'à n'être pas : Cela est trés vrai. Leur existence n'est pas necessaire : Donc il n'implique pas contradiction que la cause qui la leur a donnée puisse la faire cesser : Tout cela me paroit clair & hors de contestation.

Mais quand on ajoute, L'existence des Creatures n'est pas necessaire, elles l'ont reçue d'ailleurs : Donc cete existence a besoin d'être sans cesse reproduite : Ce raisonnement est trés éloigné de me presenter la même évidence que les précedens, & il est visible qu'il tire toute sa force d'une supposition qui n'est pas differente de la Question même, savoir que la cause de leur éxistence n'a pû la former assés réelle pour que, d'elle même,

elle

elle ne retombât dans le néant, a moins qu'elle ne fut sans cesse reproduite.

Le Dr. Sherlock. Un autre argument qu'un Theologien celebre tire de *Suarez* & qu'il donne pour solide, quoi qu'il y reconoisse une subtilité suspecte, cet argument n'est encore qu'une vaine subtilité Metaphysique fondée sur des termes équivoques: Le voici. „ Dieu peut aneantir: Or „ si, pour anéantir ce qui existe, il „ déployoit un acte positif de sa puis „ sance, cet acte positif se termine „ roit sur le néant, & sa toute puissan „ ce s'exerceroit pour ne rien fai „ re. Levons donc cette difficulté „ & disons que quand Dieu aneantit, „ il retire simplement la puissance a „ vec laquelle il soutenoit l'existence; „ au lieu qu'il la vouloit, il ne la „ veut plus.

Il repons à cela que les termes de ne rien faire renferment un equivoque. Si, par *ne faire rien*, on entend, *ne donner pas l'existence* a quelque chose, je reconnois qu'aneantir c'est ne rien faire. Mais si, par *ne rien faire*, on entend *une simple cessation*, je dis que der detruire une exiſtence réelle, ce n'eſt pas ne rien frire, & ſi on veut qu'en ce ſens ce ne ſoit rien faire, ce ſoit ſimple ceſſation, on ſuppoſe encor viſiblement ce qui eſt en queſtion. L'introduction du Repos ne demande de l'effort que parce qu'il faut faire ceſſer le Mouvement. Dira-t-on à cela, Pour faire ceſſer le Mouvement, aucun effort n'eſt neceſſaire, car faut-il de l'effort pour ne rien faire?

Qu'on ne ſe borne pas à des idées vagues, quand il en faut des determinées, & reciproquement qu'on ne ſe hazarde point à déterminér ce qu'on ne peut conoitre certainement que ſous une idée vague; Des lors cette Controverſe ceſſera, & on ne fera aucun abus de cette ſpeculation. Les idées de Dieu ſont déterminées : Quand il crée, il ne ſe contente pas de-dire en gros, *Qu'une choſe ſoit* ; il a une idée déterminée & parfaite de cette choſe dont il ordonne l'éxiſtence, & s'il ordonne qu'elle ait une éxiſtence durable, elle devra la durée de ſon éxiſtence à cette même volonté, par l'efficace de laquelle el-

le

le a commencé d'être.   Qu'on s'en
tiene là, au lieu d'imaginer sans preuves & dans la Creature une determination à cesser d'être, & dans Dieu
une volonté qui, d'instant en instant,
s'oppose à l'effet de cette determination & continue à créer.

Nous n'avons que des idées tres
imparfaites de la Puissance infiniede
Dieu & de la Creation.   L'intelligence, de ces grands objets est fort
au dessus de l'Esprit humain.   Or il
est difficile de s'exprimer juste sur
des suiets que l'on ne connoit qu'im-
parfaitement. Cette maxime, Que la
conservation est une Creation réiterée,
peut donner lieu à des idées qu'il est necessaire de corriger : Mais il me semble
qu'on luy donnera un sens tres beau
& tres juste, quand on dira, qu'à cette
même VOLONTE SUPREME
ET INFINIMENT EFFICACE
a qui les Creatures doivent leur naif-
sance, à cette même volonté elles
sont redevables de la continuation de
leur estre ; Cette continuation est un
resultat de cette volonté constante &
permanente.   Dieu a voulu que je
fusse, Par là j'ay commencé d'exister :
II

Il a voulu que je continuasse & il continue à le vouloir, je suis & je persevere d'estre : Il a voulu que je fusse un ETRE ACTIF, J'ay eu de l'activité & cette activité dure.

Le langage de l'Ecriture aura toûjours chés moi plus de force que les abstractions hardies des Metaphysiciens. *Fils des hommes retournés.* Voila sous quelle idée elle nous fait concevoir leur Createur quand il termine la vie. C'est ainsi que son ordre luy donne l'être, & que son ordre l'en depouille.

Une Question Physique a donné lieu a une Controverse Metaphisique d'une tout autre inportance, car elle influe extrêmément sur la Religion, & je conçois que ce n'est pas lui rendre un petit service que de démêler ce qu'une persuasion assés accreditée renferme de vrai d'avec ce qu'elle présente de faux, & qui peut aisément s'nsinuer à la faveur du vrai. On étudie la Metaphisique dans un âge où l'on n'examine guere, & où, accablé d'études differentes, on n'a pas seulement le loisir d'examiner: Les grans mots qui entrent dans cétte

Que-

Question disposent l'esprit au respect, & on se fait dans la suite un devoir religieux de ne plus examiner ce qu'on a une fois regardé comme un article de religion, ou comme tres approchant d'en etre un article.

Je laisse les Theologiens pour revenir à Mr. de Gamaches : Ils avouent qu'ils n'ont pas d'idée de ce qu'ils disent quand ils assurent que la Conservation est une reproduction non interrompue, ou qu'ils n'en ont qu'une idée trés imparfaite. Ils reconnoissent qu'ils sont à tout coup embarassés pour concilier leurs speculations sur, ce sujet avec d'autres articles de la derniere importance. Est ce sur une theorie si obscure qu'il faut établir la nature du Mouvement comme sur son principe.

Mais quand on accorderoit à Mr. de Gamaches sur ce principe, tout ce qu'il demande, il n'en seroit pas plus avancé, & rien ne seroit plus aisé que d'en tirer une consequence tout opposée à la siene. Quand Dieu ordonne à un Corps d'appliquer successivement sa surface à ceux qui l'environnent, & que, pour executer

ter lui même cét ordre, il le crée d'inftant en inftant, dans une nouvelle fituation; pour conclure de là qu'il en fait autant à légard de tous les autres Corps de l'Univers, il ne fuffit pas de dire qu'il les reproduit; il faudroit encore prouver qu'il les reproduit dans un état femblable á celui lá, & que, d'un inftant á l'autre, ils appliquent leur furface à de nouveaux points des furfaces environnantes.

Mr. de Gamaches a beau élever fon genie & féloigner par là de ce qu'il appelle les idées du vulgaire, il ne fauroit les perdre entierement de vûe, & du haut de fon élevation, il en eft encor affés frappé pour donner le nom d'ingenieufes aux difficultés qu'elles font naitre, à moins qu'on ne penfe qu'il ne fait cet honeur aux objections qu'il propofe, que pour prouver la fecondité de fon Eloquence, qui fait égalemeut meprifer & relever les objections.

„ Tout changement de rapport „ femble fuppofer un changement „ abfolu. Il eft fûr, par exemple „ qu'aucun rapport de grandeur ne

peut

„ peut changer qu'il n'y ait ou une
„ augmentation réelle ou une dimi-
„ nution effective du côté des quan-
„ tités : Il semble donc auffi que
„ quand les Corps changent entr'eux
„ de rapport de diſtance , il doive
„ arriver quelque changement abſolu
„ dans leur état.　Voila l'objection,
„ voici la reponſe.
„　En y regardant de prés on s'ap-
„ perçoit aiſement que la parité qu'il
„ renferme n'eſt point exacte , &
„ qu'elle impoſe.　En effet, dans un
„ changement de rapport de gran-
„ deur , on n'a que les quantités
„ comparées, ſur quoi puiſſe tom-
„ ber le changement abſolu qui ſert
„ de fondement à la nouvelle relati-
„ on : Mais , dans un changement
„ de rapport de diſtance , ſi l'on a
„ deux Corps qui s'approchent ou
„ qui s'éloignent l'un de l'autre, on
„ a auſſi l'eſpace qui les ſepare , &
„ qui , par ſes extenſions & par ſes
„ etreſſiſſemens, determine leurs dif-
„ ferens états relatifs.

Les anciens Rheteurs donnoient
ce precepte à leurs diſciples : Quand
vous ſerés preſſés par une comparai-

ſon,

son, pour en éluder la force, cher-
chés quelque disparité entre les choses que l'on compare ; dépaïsés par
là vôtre Auditeur & faites évanouir à ses yeux toute la force de la
comparaison dont on se sert pour le
persuader. Voila qui est bon pour
éblouir, mais il ne s'agit pas ici d'é-
blouir, il s'agit d'éclairer l'esprit sur
un systême. Il n'est pas absolument
necessaire que les choses soient semblables en tout sens afin que l'une
serve d'éclaircissement à l'autre : Il
suffit que le principe en vertu duquel
on affirme quelque chose de l'une entraine à en dire tout autant de l'autre. Quand on compare deux Corps
par rapport à leur grandeur on ne
fait attention qu'à ces deux qu'on
compare. „ Mais dit Mr. de Ga-
„ maches, quand il s'agit du Mou-
„ vement, on ne fait pas seulement,
„ attention aux deux Corps qui, d'é-
„ loignés qu'ils étoient vienent à se
„ toucher, on fait encor atttention
„ à l'espace qui les separe. Et à
quoi aboutit cete difference? Loin
d'affoiblir l'objection que se fait Mr.
de Gamaches, elle la fortifie. Si,
afin

afin qu'un rapport soit changé entre deux termes, il suffit qu'il arrive un changement réel à un des termes, pourquoi est ce qu'afin que le rapport entre trois termes soit changé, il seroit necessaire que les trois termes reçussent un changement réel.

De plus, au lieu de comparer le Mobile *A*, 1°. avec le terme *B*, 2°. avec la longueur de 9 piés qui les separent de ce terme, il ne tient qu'á moi de faire rouler la comparaison sur deux termes & cela est plus naturel & plus simple; D'un côté j'ai le Mobile *A* pour premier terme, d'un autre une étendue de 9 piés terminée par *B* pour second terme. *A* parcourt successivement cete étendue jusqu'á ce qu'il soit arrivé á son extremité *B* : Mais cete extremité *B* attend le Corps *A*, & ne parcourt point l'étendue de 9 piés dont elle est l'extremité.

pag. 52   ,, Mr de Gamaches continue;
,, Representons nous deux Corps é-
,, loignés l'un de l'autre; & puis
,, supposons que l'espace par lequel
,, ils seroient separés fut tout d'un
,, coup ancanti: On voit bien qu'a-
lors

„ lors les deux Corps venant á fe
„ toucher, changeroient d'état rela-
„ tif, fans que leur nouvelle relation
„ fuppofât de leur côté aucun chan-
„ gement abfolu.

Ceux qui reconoiffent la poffibili-
té du vuide ne tomberont point d'accord que deux Corps fe touchent
dés que l'Etendue qu'il y avoit en-
treux viendroit à être aneantie.
Ceux qui croyent le Vuide impoffible & contradictoire feront obligés
de dire, pour penfer & pour parler
confequemment, qu'ils ne voyent
goute dans cette objection, à
moins qu'ils ne conçoîvent qu'à mefure que l'étendue de 9 piés, par
exemple, s'aneantit entre *A* & *B*,
il s'en crée autant en delà de *A* &
en delà de *B*, pour les pouffer l'un
contre l'autre, auquel cas ces deux
Corps fe mouvroient auffi réellement
l'un que l'autre. Mais fi l'aneantif-
fement commence à fe faire du côté
de *A* & s'approche fucceffivement
de *B*, ce ne fera que *A* qui fe mouvra vers *B*.

Pour moi je fuis dans la penfée que,
plus une hypothefe eft paradoxe,

G

plus

plus il faut être fcrupuleux fur l'evidence des principes dont on fe fert pour l'établir. C'eft une Regle de Logique. Toute preuve doit être, par elle même plus claire & tireé d'un fujet plus conu que ce qu'elle eft deftinée à établir. Mais peut être que les Regles ne font pas faites pour des genies du premier ordre qui favent naturellement penfer; ce font des fecours deftinés à élever à la mediocrité dés petits genies.

„ On voit auffi qu'il en feroit de
„ même fi , aprés leur union, un
„ nouvel efpace créé venoit à les,
„ feparer. Un homme acoutumé aux termes de l'Ecôle diroit à Mr. de Gamaches pour abreger, que fon raifonnement eft une Petition de Principe, & quil fuppofe ce qui eft en queftion, & ce n'eft pas la feule fois. Ce qui fe gliffe entre deux Corps qui fe touchent, pour les feparer , peut jetter le premïer à la droite , il peut jetter le fecond à la gauche : Il peut enfin écarter celui là d'un côté & celui ci de l'autre.

„ La

„ La matiere, continue Mr. de
„ Gamaches, est anéantie pour tout
„ lieu où elle cesse d'être, & elle est
„ créée pour chaque lieu qu'elle
„ vient occuper. Je demande trés
humblement la permission de lui dire
que toute la grace qu'on peut faire
à ces expressions, c'est de les regarder comme trés Metaphoriques, &
j'ai deja fait voir ce qu'elles devienent quand, pour s'exprimer plus
juste, on les change en propres &
literales.

„ L'action de Dieu, dit il enfin,
„ tombe á chaque instant, sur tou-
„ tes les parties de la Matiere à la
„ fois. Soit; mais cela ne prouve
pas qu'elle tombe sur toutes, pour y
produire le même état, elle reproduit les unes en repos & les autres
en mouvement.

„ Voici la seconde difficulté. Que pag. 45.
„ nous nous determinions à changer
„ de situation par rapport à nôtre
„ lieu physique, aussi tôt nous en
„ changeons; mais que ce soit nôtre
„ lieu phisique que nous voulions
„ faire changer de situation par rap-
„ port à nous, l'acte de nôtre volon-

G 2   „ té

„ té n'eſt alors ſuivie d'aucun effet :
„ Pourquoi donc cete difference ?
„ D'où peut elle venir ? Car enfin
„ ſi le Mouvement eſt reciproque,
„ tout doit l'être du côté de ſa cau-
„ ſe. Je répons, dit Mr. de Gama-
„ ches, qu'á la verité tout doit être
„ reciproque dans la cauſe qui pro-
„ duit le Mouvement ; mais nôtre
„ volonté ne le produit pas, elle ne
„ peut que l'occaſioner : Or toute
„ cauſe occaſionelle eſt d'une inſti-
„ tution purement arbitraire, & il
„ eſt établi qu'afin que nous puiſſi-
„ ons figurer á nôtre gré avec les
„ parties de nôtre lieu phyſique, il
„ faut que nôtre volonté s'applique
„ directement à nous.

Il m'eſt facile de tirer parti de cette
Reponſe & de la tourner contre ſon
Auteur. Ce que la Cauſe *occaſionelle*,
c'eſt à dire; la Cauſe qui paroit produire, produiroit effectivement, ſi elle
avoit une efficace réelle, c'eſt cela
préciſément que la Cauſe veritable,
la Cauſe premiere fait ; elle fait réellement ce que la Cauſe occaſionelle
fait en apparence. La Cauſe veritable meut donc le Corps ſur lequel
l'Oc-

l'Occaſionelle s'applique, & non point
le terme ſur lequel cette Cauſe occaſionelle ne ſapplique pas, & vers lequel elle pouſſe ſeulement l'objet immediat de ſon application.

„ Lors que Mr. de Gamaches a-
„ joûte. Quand des Corps changent
„ entre'ux de relation, il ne faut pas
„ croire que ceux du côté deſquels
„ eſt la cauſe du changement ſoyent
„ les ſeuls qui puiſſent être cenſés
„ ſe mouvoir. Quoi qu'il défende
de croire ce qui combat ſon ſyſte-
me, bien des gens ne laiſſeront pas
de le croire pendant qu'il ne leur fera pas changer de ſentiment par de
ſolides raiſons. Mais en verité ce
qu'il ajoute pour appuier ſa réponſe
me paroît étrangement obſcur & la
clarté eſt pour moi le caractere d'une
veritable preuve. „ Si j'allois,
„ (dit-il) de la proüe à la poup-
„ pe avec une viteſſe égale à
„ celle que j'aurois en ſens con-
„ traire, par le mouvement du ba-
„ teau, il eſt viſible qu'en même
„ tems que je changerois de place,
„ par rapport à mon lieu Phyſique,
„ c'eſt à dire, les Corps qui m'avoi-

G 3

ſinent

„ finent de plus prés , je me met-
„ trois en repos par rapport à ceux
„ qui pouroient me voir du rivage.

Cete derniere expreſſion eſt tout
à fait impropre: J'ai expliqué, dans
mon Diſcours , de quelle maniére
deux mouvemens reels peuvent détruire l'effet l'un de l'autre , ſans ſe
détruire pourtant l'un l'autre. Par
là un homme pouroit paroitre en repos à ceux qui, depuis le rivage,
ne verroient que lui, le long d'un
tuiau; mais il ne s'en ſuivroit pas
qu'il le fut.

Quand il ajoute, page 59, que ces
deux mouvemens oppoſés ſeroient incompatibles, s'ils n'étoient purement
relatifs, je le lui accorde. Mais de
ce que le reciproque ſe joint avec le
relatif dans de certains cas , il ne
ſenſuit pas qu'il y ſoit joint dans tous
les autres.

Dans la même page ; Mr. de Gamaches travaille encor à faire regarder le ſentiment contraire au ſien
comme le pur effet des prejugés.
Mais il ne s'agit pas de cela , il oublie la Queſtion principale pour ſe
jetter dans de écarts: Qu'il demontre

tre la verité de fon fentiment ; qu'il
renverfe par des preuves convaincan-
tes le fentiment oppofé, alors chacun conclura, fans qu'il ait befoin
d'y folliciter, que les erreurs contraires à fon fyftême ont leur fource dans
les préjugés. Mais jufqu'à ce que ces
preuves foient telles que je les demande, toutes ces accufations feront des
accufations en l'air.

J'ai dêja fait comprendre quelle i-
dée on doit fe former du Mouvement & de ce qu'il renferme d'actif,
idée bien differente de celle que le
prejugé y-attache.

Afin qu'il n'y eut rien de plus réellement actif dans les mouvemens
des Corps, qu'il n'y a d'activité réelle dans les mouvemens apparens de
leurs images que l'on croit voir au de
là d'un miroir, & qui paroiffent s'approcher, s'entrainer & fe reflechir
fuivant les differens cas, il faudroit
que les Corps n'éxiftaffent non plus
que leurs images & qu'ils paruffent
feulement exifter. Mais autant que
leur exiftence eft plus réelle que l'é-
xiftence de leurs images, lesquelles
paroiffent éxifter & n'éxiftent point,

autant leur mouvement eſt plus réel & plus actif que celui de ces images.

Depuis là dans pluſiers pages Mr. de Gamaches ne dit rien de nouveau, ſi ce n'eſt qu'un ſpectateur, ſuivant les differens points de vûe où il ſe trouveroit placé, croiroit qu'un Corps eſt en repos ou qu'il eſt en mouvement. Mais, pour conclure ainſi, tel decidera qu'un Corps eſt en repos qui, s'il étoit placé dans quelque autre endroit, jugeroit ce même Corps en mouvement, & tel Corps qui lui paroitroit en mouvement depuis un certain point, il le jugeroit en repos s'il le regardoit d'un autre. Donc tout Mouvement eſt reciproque, & Il n'y a rien de plus réel dans ce qu'on appelle un Mobile que dans le terme dont il paroit s'approcher. Pour conclure ainſi il faudroit être en droit de ſuppoſer 1°. qu'afin que le Mouvement appartiene en propre à un Corps, ſans apartenir autant à tous ceux à l'égard desquels il change de ſituation, 2°. on ne peut jamais ſe tromper ſur le Mouvement, en attribuer à ce qui n'en a pas, & n'en

pas

pas attribuer á ce qui en a. Mais,
par un semblable raisonnement je conclurai qu'il n'y a point de difference entre une petite distance & une
grande, entre la distance & la proximité. Je revoquerois encor en doute la difference des figures, parce
que, dans de certains points de vûe,
on confond tout cela.

Le Mouvement existe ou n'éxiste
pas indépendamment des jugemens
que nous en portons. Tout Corps
qui applique successivement sa surface à la surface qui l'enveloppe immédiatement se meut, soït que le Corps
à la surface duquel celui la applique
successivement la sienne, se meuve ou
ne se meuve pas, se porte du même
côté ou d'un côté opposé. De cete
maniere un Corps sera en repos & en
mouvement relativement à ceux qui
l'embrassent sans que ceux qui l'embrassent se meuvent reciproquement
autant que lui.

Dans les pages suivantes on at-
taque le Vuide: Cela ne me regarde point. Mais lors que, Mr.
de Gamaches repete ce qu'il a
dit que *le Vuide conçu sous l'idée qu'*

on s'en doit former, n'est que la Matiere depouillée de qualités sensibles &
reduite à n'avoir que ce qu'elle tire de
son propre fonds, j'ai pour le moins
autant de peine à conprendre son vuide que les Cartesiens disent qu'ils en
ont à comprendre celui des Gassen-
distes. Une vaste Matiere, dans laquelle il n'y a encor aucuné varieté,
seroit elle ce qui repond aux termes
de *Tohou, Vabohou*, dont la signification precise est assés obscure, &
qui en gros marquent une grande con-
fusion, ou un grand vuide d'ordre &
d'ornemens. Il ne faut pas disputer
des mots. Je ne contesterai à personne le droit d'en inventer; mais
pour le mot de *Vuide* ainsi explique,
il me paroit étrangement tiré de sa
signification ordinaire.

Apres cela Mr. de Gamaches,
combat l'idée du Tems, comme d'u-
ne certaine durée indépendante de
l'existence des choses qui éxistent
d'une maniere successive. Je n'ai
garde de lui faire des contestations
sur cet article: seulement remarque-
rai je que l'argument dont Descartes se sert pour prouver la necessité
d'une

d'une reproduction fans cesse réiterée
est tirée de cete idée que Mr. de Gamaches regarde comme un préjugé.
Les parties du tems ne sont point
liées ensemble. Donc de ce que j'e-
xiste pendant l'une il ne sensuit pas
que je doive éxister pendant l'autre. Or si le tems n'est que l'existence même des Créatures, l'argument de Descartes reviendroit à ce-
ci, Mon existence n'est point durable, & de ce que je suis il ne s'ensuit pas que je sois plûtôt déterminé
à continuer d'être qu'à cesser. Donc
il faut que quelque puissance exterieure produise cette continuation. Or
cet argument supposeroit ce qu'on ne
se trouve pas necessité à lui accorder
par son évidence; car pourquoi ce
qui est n'est il pas plutôt necessité à
être qu'à n'être pas?

Dés là, Mr. de Gamaches se
repete beaucoup, mais toujours a-
greablement, & il est certain qu'il
est des Lecteurs comme des Au-
diteurs, que l'on persuade à force
de repetitions. Dés que des expressions sont devenues familieres
par cete voye, on ne les accuse plus

 d'obd'obfcurité, quand même elles en ont. Dés que des idées font deve-nues familieres par cete même voye, on les adopte fans fcrupule, au moins c'eft ce qui arrive à bien des gens.

On peut encor dire que les pages que je viens d'indiquer renferment une efpece de fermon Philofophique, on bien quelque chofe de fort fem-blable à un fermon. Je n'ai garde de me donner pour juge en matiere de ftile, je me conois trop pour faire cette faute, mais il m'eft permis de di-re ce qui m'a parû. J'ai trouvé, dans tous ces fermons Philofophiques beaucoup de legereté de vivacité & d'élegance : Il eft même des en-droits, comme, dans quelques fer-mons, ou l'élevation de l'Eloquen-ce rend les penfées difficiles à faifir. Par exemple, *Combien voyons nous de gens de qui l'on pouroit dire qu'ils fauroient tout, s'il ne leur manquoit de favoir penfer?* Cela me paroit un peu difficile à comprendre, je l'a-voue, au rifque d'être compté au nombre de ceux qui ne favent pas penfer. Mais, dés qu'on m'en aura convaincu, je conclurai fur le champ que

que je ne sai rien; car que peut savoir celui qui ne sait pas distinguer
entre idée & sensation, entre certain
& vraisemblable, entre principe &
préjugé? Que peut savoir celui qui
ne sait pas examiner, celui en un
mot qui ne sait pas penser avec ordre
& avec circumspection?

Dans la page suivante il reconoit
que la Geometrie fertilise l'esprit, &
il ajoûte que ses méthodes lui presentent les rapports de toutes les idées
auxquelles il est en état d'atteindre.
J'aurois crû qu'il est des idées auxquelles la Geometrie n'éleve pas, quelle
ne nous présente pas, & dont par
conséquent, elle ne nous offre point
les rapports. Mais si elle faisoit cela, comment est ce qu'on pouroit lui
refuser l'élog. de donner à l'esprit,
de la vivacité & de l'élevation? J'aurois crû qu'il en est de l'exercice de
l'esprit, quand on suit certaines regles, comme de l'exercice du Corps,
qui font croitre ses forces.

„ La facilité, ajoute Mr. de Gamaches, de s'élever au dessus des i-
„ dées sensibles & des conceptions
„ communes est toûjours un present

„ de la Nature. Avant que de lire,
cela, je croyois tout bonnement que les
plus riches préfens de la Nature fe
perfectionoient par l'exercice & par
les habitudes quel'on acquiert, &
dans lefquelles on s'affermit par l'exercice.

„ Heureux, continue-t-il, qui fe
„ trouve favorifé de ce côté la?
„ Mais plus heureux encor celui
„ qui, fur un efprit élevé, ente un
„ efprit Geometrique? Mais quel befoin de ce grefe s'il eft incapable de
donner ni force ni élevation? Dira-
t-on que, fi la Geometrie ne donne
ni force ni élevation, elle donne en
échange de l'étendue, de la juftefle,
de la circomfpection? L'étendue &
la circomfpection de l'efprit ne font
elles pas cette force même confiderée
à de certains égars? Me fera-t-il permis de penfer que Mr. de Gamaches a craint de rendre fon ftile
trop fec en lui voulant donner trop
d'éxactitude? fon zele le portoit à finir le panegyrique de Mr. Descartes.
A ce mot il fe livre à l'admiration,
il retracte les reproches qu'il lui a
fait, & aprés nous l'avoir reprefenté
à peu

à peu prés fous l'idée que Lucrece préfente Epicure, il découvre à tous les efprits mediocres une voye fûre pour éviter l'erreur, c'eft de fe prêter aux lumieres de ce grand homme. On lui doit cete reconoiffance, & chacun fe doit cela à foi même pour fon propre interêt. *Il nous épargne* dit-il, *un travail qui peut être feroit au deffus de nos forces.*

Mr. de Gamaches revient aprés cela à des reflexions fur la Géometrie & fur les Géometres, & comme il fait rentrer dans fon fuiet avec autant de facilité qu'il en fort, il y retourne & conclud que les Loix du Mouvement convenant fort bien avec l'hypothefe du Mouvement relatif, *fi cete hypothefe n'étoit pas la veritable, l'erreur feroit tropfavorifée.*

Je repons que je ne reconois point d'autre Mouvement que le Mouvement relatif, & que je ne faurois me former une idée d'aucun autre. Mais je mets une grande difference entre l'hypothefe du Mouvement relatif & celle du Mouvement reciproque, c'eft à dire, entre mon hypothefe & celle de Mr. de Gamaches, & j'efpere

spere que cette difference aura été
suffisamment éclaircie. Si donc les
Loix du Mouvement se peuvent fa-
cilement expliquer par le moyen de
mon hypothese , Mr. de Gamaches
aura tiré pour moi cete conclusion,
qu'au cas qu'elle fut fausse, l'erreur
seroit trop favorisée.

Mr. de Gamaches passe trop le-
gérement sur la Communication du
Mouvement, & il en parle dans des
termes trop generaux pour me permettre de l'éxaminer : Il est trop
aisé de se méprendre quand on determine les expressions vagues dont
un Auteur s'est servi.

Il semble que Mr. de Gamaches , craint que le jugement de
l'Academie ne soit un prejugé contre son systeme , sur tout quand
on verra combien je lui suis inferieur en élegance. Mais la prévention du public se dissipera s'il reflechit apres Mr. de Gamaches que
mes Juges sont des gens qui ont a-
bandonné le systême des Causes secondes & qui ont laissé Descartes,
pour donner dans les idées d'Aristo-
te & d'Epicure, des gens enfin qui
n'ont

n'ont penſé comme moi que parce que nous nous ſommes rencontrés à penſer comme le vulgaire.

J'aurois trop de vanité ſi j'entreprenois de faire l'Apologie de mes Juges: J'ai écrit trés reſolu de profiter de leur jugement, ſi mes principes & mes raiſonnements ne ſe trouvoient pas de leur gout. Je ſuis encore, par la grace de Dieu, trés diſpoſé à m'informer attentivement de ce que le Public dira & de ce que diront les particuliers, pour m'affermir dans mes idées, ou pour les corriger. Je ſuis trés perſuadé que mes Juges n'aiment pas moins la verité que moi, & ſont encore plus éloignés de prévention & d'obſtination. Mr. de Gamaches même les repreſente comme des perſonnes capables d'approuver des idées nouvelles, aprés les avoir examinées, dans un Ecrit dont 'lAuteur leur étoit inconnu.

Apres cela Mr. de Gamaches met en oeuvre une adreſſe qui peut avoir ſon effet; il paroit compter que le commun des hommes & tous ceux qui ne ſavent pas refléchir donne-

neront aifément dans mes opinions.
C'eſt un moyen aſſés propre pour
engager des Lecteurs de ce caractere
à s'éloigner de mes idées, de peur
de paſſer pour des genies auſſi vulgaires que moi. Mais il reſte toujours une difficulté. Que faire des
Academiciens qui ont préféré mon
Diſcours à celui de Mr. de Gamaches? Oſera-t-on les mettre au nombre de ceux qui ſont diſpenſés de refléchir, parce qu'ils ne le ſavent pas?
l'Eloquenee de Mr. de Gamaches le
tire aiſément d'embaras. „ Pour
„ moi, dit-il, je croiraï ſi l'on veut
„ que Meſſieurs les Juges ne ſont re-
„ venus aux ſentimens populaires
„ qu'à force de reflexions. Ceux
„ qui ne penſent point du tout, &
„ Ceux qui penſent beaucoup ſe
„ rencontrent quelquefois au même
„ point, & c'eſt ainſi que les extre-
„ mités ſe touchent.
J'augmenterai encore l'étonne-
ment de Mr. de Gamaches & celui
du public. Je reconois de bonne foi
la ſuperiorité de ſon genie ſur le mien.
Je ne comprens pas ſes dernieres paroles, & je ne fais que d'en entre-

voir

voir obscurément le sens. A la verité se tai que quelquefois, a force de reflêchir, on se lasse & que l'esprit fatigué par la multitude des reflexions dont il s'est occupé , se rend par lassitude, embrasse au hazard, ou s'en tient à la derniere pensée qui lui vient, qui, dans un esprit fatigué, n'est pas ordinairement la plus sublime & la plus juste. Mais ce n'est point dans ce sens que Mr. de Gamaches parle de mes Juges: Voudroit-il dire que c'est par l'effet d'un tel malheur qu'eux, qui pensent beaucoup, se sont rencontrés avec moi, qui n'ai que peu pensé, & que des extrémités éloignées soient venues àse toucher?

Pour entrer dans les idées de Mr. de Gamaches, penserons nous qu'il en est du savoir à peu prés comme de l'Eloquence? Les hommes ont d'abord parlé trés simplement. Cette simplicité est le langage de la Nature. Mais à cette simplicité estimable il s'étoit d'abord joint beaucoup de grossiereté & beaucoup d'imperfection. Dans la suite on a corrigé ces défauts; mais on est allé à une autre ex-

extremité : Bien des gens qui se font
piqués d'Eloquence, en voulant s'é-
lever au dessus du vulgaire, se font
guindés dans les nues. On a reflêchi
sur ces écarts, on y a renoncé, & on
a travaillé à revenir à la Nature.
C'est ainsi qu'elle nous porte à croire
un grand nombre de verités auxquelles les bonnes gens se rendent, sans
se mettre en peine d'en demander des
preuves. Quelques uns en ont voulu chercher, & pour s'assurer davantage de leur exactitude, ils se sont
tellement laissé aller au plaisir de les
chicaner qu'ils se sont embarassé lé-
sprit de mille doutes. D'autres enfin
en reflechissant avec plus de bon sens
se sont apperçu de la vanité de ces
doutes & se sont affermis dans leur
premiere certitude.

Ensuitte Mr. de Gamaches plaint
par une apostille, l'Academie d'e-
voir donné commission d'examiner les Discours qui lui ont été pre-
sentés, à des Juges qui pouroint faire tort à son discernement & à sa
reputation, puis qu'il leur est arrivé
de ne lui assigner pas le prix. Pour
moi j'ignore en verité de quelle maniere

niere les choſes ſe ſont paſſées; je ne
m'en ſuis pas même informé, mais
j'avoue que mon amour propre me dit
que l'Academie conoit ſes Membres
& qu'elle n'aura pas voulu donner la
commiſſion d'examiner les premiers
Diſcours qu'on a ſoumis à ſon jugement, à ceux dont l'habileté pouvoit
le moins du monde lui être ſuſpecte.

„ On voit que les plus habiles
„ hommes peuvent ſe tromper
„ quand ils jugent ſur des oui dire.
Mr. de Gamaches n'avoit pas encor
vû ma Piece: Voila pourquoi il s'eſt
mépris ſur la premiere des ſuppoſitions qu'il m'attribue. J'ai évité de
prendre d'autres principes que ceux
dont je croyois avoir abſolument beſoin : Par cette raiſon je n'ai point
voulu faire dépendre mes preuves &
mes penſées ſur le Mouvement ni de
l'hypotheſe du Plein, ni de l'hypotheſe du Vuide. J'ai conçu que les
Loix d'une bonne methode deman-
doient que les principes fuſſent les
plus ſimples &, en auſſi petit nombre qu'il ſe pouroit, & que les conſequences en fuſſent tirées avec le
plus de préciſion & de brieveté que

la

la Matiere le comporte. Quand on
s'écarte des fentimens ordinaires, on
eft obligé de s'étendre unpeu & quelquefois beaucoup plus qu'on ne feroit
fans cela. Je me fervirai de cete raifon pour excufer ma longueur: Sans
cela j'aurois renfermé ma differtation
dans un plus petit nombre de pages.

„ Je dirai encor un mot fur ces
„ dernieres paroles. On doit prefu-
„ mer que Meffieurs les Juges tien-
„ nent encor à l'idée fondamentale
„: de la Philofophie moderne; mais
„ ils reçoivent les confequences des
„ principes de l'ancienne Eeôle. E-
„ xemple fingulier d'une neutralité
„ parfaite.

Si les Juges établis par l'Academie
ne fe font pas trompés & ont compris que, fans abandonner ce que la
nouvelle Philofophie préfente de vrai
fur le Mouvement, on peut s'éloigner de quelques idées à la mode & le
regarder comme un état réel & actif,
relatif à la verité, mais non pas neceffairement reciproque, fi, dis je,
ils ne fe font pas trompés, ils meritent cet éloge à la lettre, & c'est en-
vain qu'on le leur addrefferoit comme

me une Ironie, il s'agit de prouver
& non pas d'égayer un Lecteur. Un
Avocat marque, par des traits de cette nature, son zele pour sa partie, en
cela il lui fait plaisir, mais il n'établit pas mieux son droit, & par là il
ne la sert pas mieux.

Ce que Mr. de Gamaches a a-
jouté & qui regarde les Questions
de 1721. fait plutôt contre lui
que pour lui ; car toutes les Loix
de la Nature que posent les defenseurs du systême des Causes Occa-
sionelles ont pour leur fondement general ce Principe, Qu'il étoit de la
sagesse de Dieu de mettre constamment de la proportion entre les effets
& leurs causes, soit que ces causes,
& ces effets fussent réels ou que les
causes ne fussent qu'apparentes.
Puis donc que le mouvement produit n'est pas toûjours proportioné
au mouvement qui paroit produi-
sant & passe constamment pour tel à
ceux qui s'arrêtent aux Causes secondes, la proportion apparente entre
la Cause & l'Effet est très éloignée
d'avoir lieu contre le principe general du systême. Or cela même doit
fai-

faire soupçonner de peu d'exactitude le fait sur lequel on raisonne. Aussi raisonne je sur ce cas autrement qu'on n'a accoutumé de faire.

Que du point *A* on tire une parallele à la Ligne *BF*, laquelle j'appellerai *AP*. Que le mobile *A* soit poussé par une force suivant la direction *AB*. Et par une autre suivant la direction *AP*.

Que le premier de ces chocs soit d'une force à faire parcourir *AP* de 4. mesures, dans le tems precisément que l'autre feroit parcourir *AP* de 3. Au lieu de dire, En vertu dun de ces chocs, au bout d'un tems determiné, le Mobile *A* doit se trouver vis à vis de *P*, & en vertu de l'autre vis à vis de *B*; d'ou je conclus qu'il se trouvera en *G* extremité de la Diagonale du Parallelograme, dont *AP* & *AB* sont les côtés, je dis, Par un des chocs le Mobile est determiné à s'éloigner du point *A* de 4 mesures: Par l'autre il est determiné à s'en éloigner de 3. Donc, par les deux, il sera determiné à s'en éloigner de 7. Cela me paroit plus naturel & plus simple que non pas ces deux positi-
ons

ons vis à vis, qui me semblent supposer quelque chose qui n'est pas prouvé,
oudu moins qui en peut êtresoupçonné

Aprés cela j'ajoute, A cause de
l'impression suivante *AB*, le mouvement du Mobile ne se fera pas sur
AP, & à cause de l'impression suivante *AP*, il ne se fera pas sur *AB*.

Ce sera donc sur une 3e Ligne qui
s'inclinera sur *AP*, plus que sur *AB*
à proportion que la force suivant *AP*
est plus forte que la force suivant
AB. Or la Diagonale se trouve précisément dirigée suivant cete proportion. Donc le Mobile s'eloignera
du point *A* suivant la direction d'une
telle Diagonale.

Dés là il sera naturel de conclure que le choc direct de ce Mobile sera precisément le choc direct d'un Mobile qui vient de parcourir 7 mesures, & qui par consequent pousse son égal à lui en faire
parcourir $3\frac{1}{2}$, & que les chocs obliques seront l'un comme s'il venoit
d'un Mobile qui en auroit parcouru
4. De sorte que, rencontrant dans
cette position, deux corps égaux à

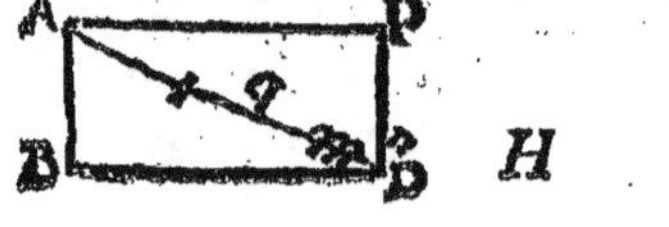

H   lui

lui, il hurteroit l'un d'une force à lui faire parcourir une mesure & demi, & l'autre avec une force à lui en faire parcourir 2.

Jusques ici je nai pas compris que les raisonnemens qu'on à fait sur les Mouvemens obliques, prouvassent rien sur la longueur du chemin parcouru le long d'une Diagonale; mais je les ai trouvés démonstratifs pour ce qui est de la direction sur la Diagonale.

Dés qu'un Mobile vient à hurter des Corps obliquement, soit que lui même ait été mis en mouvement par une seule impulsion on par deux les forces avec lesquelles ce Mobile pousse les Corps qu'il rencontre obliquement, sont bien entr'elles comme les côtés d'un Parallelograme, dont la Ligne décrite est un Parallelograme. Mais ces côtés ne sont pas la mesure des chocs obliques, dans un tel sens que, pendant le tems précisément que le Mobile aura parcouru la Diagonale, les deux Corps égaux à lui, qu'il rencontrera obliquement fassent le premier un chemin égal à la moitié d'un des côtés & le second un chemin égal à la moitié de l'autre, lors que le Mobile, aprés avoir écarté ces deux obstacles, fera encore, pendant ce même tems, un chemin égal à la moitié de la Diagonale qu'il vient de parcourir.

Les demonſtrations qu'on apporte ne prouvent point cela, l'application que l'on en fait aux phénomenes eſt trés juſte lors que l'on ſe borne à regarder les chocs obliques ſimplement comme ayant la même raiſon que les deux côtés du Parallelograme ont entr'eux.

Qu'on partage le mouvement *AD* x *m* en deux parties qui ſoient entr'elles comme *AP* eſt à *AB*. Que l'on appelle la premiere de ces diviſions *q*, le corps *n* ſe trouvera pouſſé par le Corps *m* preciſément par une force égale à celle d'un choc direct dont la quantité ſeroit *q* x *m*.

Sans cela il eſt aiſé de voir que, par le moyen des chocs obliques incomparablement plus frequens que les autres, le Mouvement ſeroit d'abord multiplié à l'infini & ſe multiplieroit infiniment plus qu'il ne faut pour reparer les forces des Mouvemens directement contraires. D'ailleurs ces ſortes de compenſations &

H 2

de

de reparations, qui tantôt pourroient laisser le mouvement s'augmenter prodigieusement, tantôt s'affoiblir de même, ne paroissent pas satisfaire à la necessité que le Mouvement se conserve dans une quantité égale, ou à peu prés égale ; sans compter que ces accroissemens, pour n'être pas regardés comme les effets de rien, doivent être imputés à des qualités occultes & à des causes chimeriques. Il me paroit que ces Matieres meriteroient bien l'attention des Physiciens ; mais il faudroit de côté & d'autre un amour de la verité qui fît tomber toutes les préventions & qui prévint toutes les piques des disputes & les jalousies de l'amour propre. Je suis persuadé qu'il se trouve des Philosophes de ce caractere, & il faudroit que je fusse bien vain & bien fou pour m'imaginer qu'à cet égard là je n'ai point d'égaux. Malheureusement les personnes tranquiles demeurent dans l'inaction, & les conferences Philosophiques sont abandonnées à la vivacité de ceux qui ne regardent les sciences que comme un chemin qui doit les conduire à la gloire

Fin de la Reponce à Monsr. de Gamaches.

QUELLES SONT LES LOIX SUIVANT LES QUELLES UN CORPS PARFAITTEMENT DUR MIS EN MOUVEMENT, EN MEUT UN AUTRE DE MEME NATURE, SOIT EN REPOS, SOIT EN MOUVEMENT QU'IL RENCONTRE, SOIT DANS LE PLEIN, SOIT DANS LE VUIDE.

PREMIERE PARTIE.

Qui peut servir de préface.

1. Orsque dans l'ancienne Ecole, on posoit que le Corps naturel est celuy qui renferme en soy le principe du repos & du mouvement. Tout obscur & tout equivoque que fût ce langage, Il ne laissoit pas de renfermer quelque verité. Les corps qui Composent l'Univers sont susceptibles de l'Etat de Repos & de celuy de Mouvement, Et c'est de la combinaison de ces deux

La connoissance du mouvement est le chef de la Physique.

H 3   Etats.

Etats que refultent tous les pheno-
mênes de la nature.

Pendant qu'on ignorera la nature
du mouvement, fes effets, fa maniere d'agir, ou qu'on n'aura fur ces premiers fondemens de la phyfique que
des idées vagues & peu exactes,
c'eft en vain qu'on fe flattera de pouvoir faire de grands progrés dans cette fcience.

Les conje-
ctures trom-
pent ai-
fément.

2. L'indulgence qu'on a eu pour
des conjectures poffibles tout auplus,
& dont les plus heureufes n'alloient
jamais au de là de la vraifemblance, a
été la caufe des tenebres ou la Phyfique
a refté pendant plufieurs fiecles. Dés
qu'on s'eft permis de bâtir fur des
principes en l'air, plus l'Edifice
s'eft élevé, plus il s'eft trouvé chargé d'incertitudes, & les fyftêmes les
plus pouffés font devenus les plus in-
foûtenables.

On s'eft aperçeu de cette faute &
de fes effets; On a compris qu'il falloit prendre une route opofée, au lieu
d'imaginer, on a penfé qu'il falloit voir,
confulter la nature elle même, & fe
faire inftruire par une longue fuite
d'experiences.

On

On a donc poſé pour vrays *Princi-*
pes de verités établies par un tres grand
nombre de faits, par exemple *La pro-*
pagation de la lumiere ſe fait en ligne
droitte, L'angle de reflexion eſt égal à
celuy d'incidence. Dans la refraction
les ſinus gardent une proportion conſtanté.
Un corps à reſſort ſe débande avec une
force proportionnée au degré de ſa com-
preſſion.

De ces principes on à vû naitre
une enchainure de conſequences,
qu'on a eu ſoin de confirmer encor
par de nouvelles experiences.

3. Il eſt difficile d'aller plus loin,
on l'a ſenti, d'habiles gens même ont
regardé, à peu prés comme impoſſible, cequ'il leur a parû trop difficile
on a craint de ſe tromper dés qu'on
perdroit de veüe l'experiance & qu'-
on ſe hazarderoit a quelque choſe de
plus quà repeter cequ'elle apprend.

Il eſt pourtant vray que l'induction ſeule ne nous amenera jamais a des
concluſions univerſelles. De temps en
temps il ſurviendra des cas qui deran-
geront les Principes d'experience. La
refraction du Criſtal d'Iſlande en eſt
une preuve, & depuis quelques an-

Les
experi-
ences
ſenties
ne ſuffi-
ſent pas

H 4

néés

néés on en a trouvé en France, dont
on a heureusement & obſervé & expliqué les proprietés. Les effets des
chocs varient, non ſeulement ſuivant
que les corps ſont mols ou à reſſort;
Ils varient encor ſuivant qu'ils ſont
plus ou moins mols, & que leur reſſort eſt plus ou moins exquis; & les
chocs des Mobiles de même eſpêce
réuſſiſſent differemment ſuivant que
ces mobiles ſont plus gros ou plus petits, & qu'il ſe meuvent avec plus
ou moins de viteſſe. On ne ſçauroit
expliquer exactement ces phenomé-
nes, ſi l'on ne diſtingue avec préciſion cequ'un mobile conſume de ſa
force pour pouſſer en avant la maſſe
qu'il rencontre, d'avec cequ'il en pert
a ployer ſes parties, & d'avec ceque des
parties une fois ployées ajoûtent, en
ſe retabliſſant, au mouvement progreſ-
ſif des maſſes, ou en retranchent.

Neceſ-
ſité de
cette
queſtion

4. Or faire abſtraction detous les
effets de la molleſſe, ou du reſſort
pour determiner celuy que doit produire le choc immediatement & par
luy même, c'eſt établir cequi arriveroit
au cas que les maſſes des mobiles fuſſent d'une ſolidité parfaitte.

La

La connoiſſance des premiers principes eſt certainement tres digne de
la Curioſité de l'eſprit humain ; &
quand même leur découverte ſeroit
encor plus difficile, qu'on ne ſe l'i-
magine ; il y a ſi peu detemps qu'-
on les cherche, par une methode
propre à y conduire, qu'on auroit
grand tort de perdre courage & de
renoncer à l'eſperance de les trouver,
parcequ'on ne les a pas encore ſaiſis ;
L'experience peut ſervir a demontrer
par des conſequences bien tirécs, ce
quelle ne prouve pas immédiatement.

On ne ſçauroit diſconvenir que les
effets les plus grands & les plus ſur-
prenans ne ſoient dûs a des cauſes
qui ſe dérobent a nos yeux par leur
extrême petiteſſe, autant que par la
rapidité de leurs mouvements. Or
dans L'hypotheſe du plein c'eſt une
neceſſité qu'il y ait depetits corps
ſans pores, & d'une parfaite Dureté;
Car les particules qui traverſent &
rempliſſent les pores, ſont de re chef
poreuſes ou parfaitemént ſolides ; Il
faut neceſſairement s'arrêter a ces
dernieres. Une diviſion depetit en-

H 5

petit

petit n'eft jamais actuellement pouffée jufquà l'infiny.

Si ceux qui tiennent pour le vuide fuppofent de plus qu'il ny a dans
l'univers, aucun corps feparé des autres, pour petit qu'il, foit, qu'il
n'ait des pores, ces petits corps,
pour poreux qu'on les fuppofe, ont
neceffairement quelque partie qui
n'en a pas, & une petite particule,
non poreufe, peut tellement être placée, par rapport a une autre, ou
s'appuyer fur elle d'une telle maniere,
qu'un choc d'une certaine direction,
tombant fur ces particules, agira par
leur moyen fur la maffe, qu'elles
compofent, comme fi elle étoit par
tout fans pores.

Les particules C & c peuvent s'approcher de même que g & f. Comme
auffy a & b. Mais quand la molecu-
le $cgfc$ tombe fur la particule A
comme on le void dans la figure,
il ne peut fe faire aucun ployement

Quand

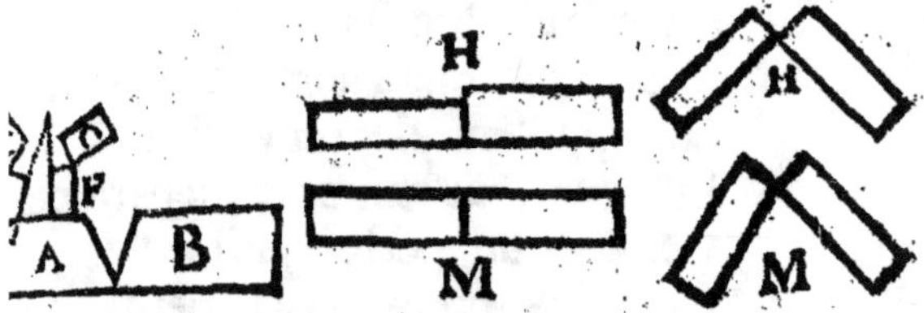

Quand les molecules *h* & *m* se sont
une fois ployées comme on le voit
en *S.* elles se choqueront comme
feroient des corps parfaitement durs.

5. Je pense que c'est là cequil faut
entendre par un corps parfaitement
dur, sçavoir *un corps dont le choc ne*
ploje point les parties. Et que parconsequent n'est ni mol ni à ressort.

Il n'est point necessaire de décider
ici, s'il est possible ou non, de casser un tel corps, car puisque les corps
dont les parties ployent sont poussés
en avant sans rupture; a plus forte
raison le choc aura-t-il cet effet sur
ceux dont toutes les parties se touchent immédiatement, & sans laisser
entr'elles d'intervale. Enfin quand
même des corps sans pores viendroi-
ent a se briser, ils ne se ménuiseroi-
ent pas a l'infini. Il y auroit donc
des parties qui demeureroient solides,

On leve une Equi-voque.

& ces parties solides seroient poussées
en avant. On demande donc quelle
sera la vitesse d'un corps parfaitement
solide, poussé par un autre de la même solidité.

On
conti-
nue d'é-
tablir
l'etat
de la
questi-
on,

6. Pour se procurer une connoissance exacte de la force & des effets
du choc, on ne se contente pas de
faire abstraction de la porosité des
corps, & de leur disposition a se ployer, ou à se casser, on met encor à
part tout ce que le liquide environ-
nant peut ajoûter, ou ôter a la force & aux effets du choc; on met a-
part toutes les modifications qu'il
peut y apporter. Or ne faire aucune attention à ce que peut & que fait
le liquide qui environne des mobiles,
c'est avoir uniquement égard a cequi
leur arriveroit s'ils se mouvoient dans
le vuide.

Qu'on se represente deux poissons
qui parcourent chacun deux toises,
dans une minute seconde, par un
mouvement opposé; Au commencement de cette minute, ils etoient é-
loignés de quatre toises; ils se rencontrent au millieu de cet espâce, ils
se heurtent & leur choc est d'une force

ce determinée. Quelle eſt la force
de ce choc? Je dis qu'elle eſt équi-
valente a celle avec la quelle deux
oiſeaux d'une maſſe & d'une Legereté
proportionnée ſe rencontreroient &
ſe pouſſeroient, après avoir décrit
dans l'air chacun, dans le temps d'u-
ne minute ſeconde, deux toiſes par
des mouvements oppoſés. Car quand
même il faudroit dix fois plus d'effort & de quantité de mouvement
pour parcourir deux toiſes dans l'eau,
que pour parcourir la même Etenduë
dans l'air, la viteſſe reſpective des
deux poiſſons ſeroit toûjours la même
que celle des deux oiſeaux; Et ſi deux
degrés de mouvement auoient ſuffi
al'un de ceux cy, pour luy faire parcourir deux toiſes; des vingt degrés
qui auroient été neceſſaires au poiſſon,
& qu'il auroit eu au commencement,
s'il en avoit conſumé 18. contre
l'Eau, il n'auroit heurté l'autre poiſſon qu'auec deux. Quand donc le
liquide dans lequel deux mobiles
nagent, agit ſur l'un comme ſur l'autre, & leur fait également perdre de
leur mouvement primitif, on n'a
égard qu'a ce qu'ils ont de viteſſe,

La ſup-
poſition
qu'on
fait icy
s'eclair-
cira
dans la
page 15
Et dans
la page
16.b

H 7   l'un

l'un par rapport à l'autre, au moment de leur rencontre, & l'on dit
que leur choc est tel qu'il le seroit,
s'ils se rencontroient, dans le vuide
avec une telle vitesse.

SECONDE PARTIE

Des chocs qui ne sont pas contraires.

**I.
Communication
dumouvement**

Dés qu'un corps en Mouvement en
rencontre un en Repos & le touche ; par ce contact des deux masses
il ne s'en forme qu'une, & puisque
le mouvement est un Etat actif de sa
nature & le Repos sans activité, Le
mouvement du Premier ne sera pas
détruit par le Repos du second. Et
puisque celuy là ne peut pas continuer sa Route, sans entrainer celui
ci, l'état de la nouvelle masse,
composée des deux sera un état de
mouvement.

Mais leur assemblage ne doit pas
avoir plus de mouvement, que n'en
avoit l'assemblage des parties du corps
frapant. Rien ne se fait sans cause,

&

& d'où est ce que cette masse tire son mouvement? Ce n'est pas assurément de celle des deux qui étoit en repos, Mais c'est uniquement de celle qui se mouvoit; de sorte que la nouvelle masse quoique plus grosse, ne doit avoir qu'autant de mouvement qu'en avoit la premiere, qui en fait une des parties.

Puisque la seconde masse est plus grande que la premiere, l'Espâce qu'elle parcourra croîtra necessairement en grosseur; Il faut donc qu'il diminuë en longueur, dans la même proportion affin de n'être pas d'une plus grande capacité que celuy qui étoit parcouru, dans un temps égal, par la premiere à qui tout le mouvement est du.

La masse du mobile, quelque figure qu'on luy donne, est comme la baze de l'Espâce parcouru: Pour avoir la capacité & la quantité entiere de c'et espâce (capacité qui est la mesure naturelle & essentielle de la quantité du mouvement) il faut multiplier cette baze par la longueur; & cela posé affinque l'Espâce, parcouru par les deux masses soit d'une égale capacité, a celuy qu'auroit parcouru

ru

II.
Distribution du mouvement

ru la maſſe frapante ſeule , dans un
temps égal , il faut que ſa longueur
qui eſt une de ſes racines diminuë , à
proportion que ſa baze qui eſt l'autre de ſes racines , s'augmente.

Et comme on juge de la *viteſſe* par
la longueur de l'Eſpâce parcouru ,
on voit que la viteſſe de la ſeconde
maſſe c'eſt à dire de la maſſe compoſée devient plus petite que celle de
la premiere , a proportion préciſément que cette ſeconde maſſe com-
poſée croit par deſſus cette premiere
qui eſt devenuë une de ſes parties.

Si on appelle la *premiere* maſſe *m* ;
& la *ſeconde* , qui eſt l'aſſemblage des
deux , *M* ; la premiere viteſſe *V* ; la
ſeconde *v* , on aura M , m : : V . v :
& M . V : : m . v. la ſeconde maſſe eſt
a la premiere viteſſe comme la premiere maſſe eſt à la ſeconde viteſſe.

3. Pour determiner au juſte la viteſſe commune aux deux maſſes , a-
prés le choc , & la quantité de mouvement que l'une recoit & celle que
l'autre conſerve , je conſidere d'a-
bord que toute quantité de mouvement eſt relative , de même que
toute quantité en général , car
au-

aucune chose n'est grande ni petite en elle même, mais seulement par
rapport a quelqu'autre.

Pour comparer les masses, il faut
leur trouver une mesure commune.
La plus grande est la plus commode
parcequelle sert à faire exprimer leur
rapport par des nombres plus petits.

Apres cela, la longueur que la premiere masse a parcouru, d'un mouvement uniforme, dans un temps determiné, cette longueur on la partagera en autant de parties égales,
qu'il y a d'unités dans la somme des
parties aliquotes, dans les quelles on
a été obligé de diviser les masses,
pour avoir leur Mesure commune.

Cette Longueur ainsi divisée sera
la mesure dela premiere vitesse, &
en la multipliant par la premiere
masse, on aura la quantité du mouvement qui précede le choc, la quelle est la même aprés le choc, Comme nous l'auons prouvé.

En divisant cette quantité par la
somme des deux masses, on aura la
vitesse qui suis le choc.

En multipliant cette vitesse par
la premiere Masse on aura laquantité
de

de mouvement qui lui reste après le choc, & en multipliant. Cette même vitesse, par la masse qui étoit en repos, on aura la quantité de mouvement quelle reçoit par le choc.

Cette methode évite toûjours les fractions & par là me paroit laplus commode.

Le Corps en mouvement est du poids *d'une livre* & de $\frac{1}{12}$. le Corps en repos est de $\frac{1}{2}$. de livre, & de $\frac{1}{12}$. Dans l'un je trouve 17. onces & dans l'autre 13. leur rapport se trouve par la exprimé sans fraction ; Mais je prevois que ces *nombres premiers*, enferont aisément naitre. Pour les prévenir Je me sers dela methode que je viens d'indiquer, 13 x 17 $=$ 30. exprime la premiere vitesse La quantité de mouvement avant le choc est de 30 x 17 $=$ 510. C'est aussi la quantité de mouvement de la seconde Masse 17 x 13 $=$ 30; comme on va le voir: car de ces 510 $=$ 30 x 17, la premiere masse prendra 17. parties, pendant que la seconde n'en prendra que 13. C'est adire que sur la premiere *Trentaine* de degrés il y en aura pour la

pre-

premiere Maſſe 17. & pour la ſeconde 13. de même dans la 2e. *Trentaine*, de
même dans la 3e. De même enfin dans
la 17e. La premiere Maſſe conſervera
donc 17 fois 17. C'eſt adire 289.
Et la ſeconde en receura 17 fois 13.
C'eſt adire 221. Entr'elle deux 221.
$\dagger$ 219 $=$ 510 $=$ 30 x 17.

Et en general ſi la *premiere*, eſt *b*.
la *ſeconde c*. japellerai *b*. $\dagger$ *c*. laviteſſe
qu'avoit auant le choc, lemobile fra-
pant *b*.

Sa quantité de mouvement ſera
donc $b \dagger c \times b = bb \dagger bc$. & ce-
ſera auſſi la quantité de mouvement
commune aux deux maſſes aprés le
choc.

Pour avoir la viteſſe Commune je
diviſe $bb \dagger bc$. par $b \dagger c$; la quantité Commune par la Maſſe Commu-
ne & jai $\frac{bb \dagger bc}{b \dagger c} b$.

Cette viteſſe je la multiplie par la
premiere Maſſe *b* & jai *bb*. pour la
quantité de Mouvement qu'elle conſerve, je la multiplie par celle qui
étois en repos & jay *bc* pour la quantité de Mouvement qu'elle recoit.

Je

Je Vois par la , qu'en exprimant auec ces precautions les masses & les vitesses , la Vitesse Commune aprés le choc , sera designée au juste par la même expression que la premiere masse.

La quantité de mouvement que le *mobile frapant* conservera séxprimera au juste par le *Quarré de sa masse.*

La quantité de mouvement que receura la *seconde* masse , c'est adire le Corps qui étoit en repos s'exprimera par le *produit* des deux masses.

Si la masse frapante avoit été de 13. onces , & la frapée de 17. la quantité de mouvement avant & aprés le choc auroit été de 30. x 13 $=$ 290.

La vitesse Commune aux masses aprés le choc auroit été $\frac{393}{13 + 17} = \frac{390}{30} = 13.$

La quantité de mouvement que la Masse frapante conserveroit dans ce cas la , s'exprimeroit par 13 x 13 $=$ 169. la quantité que la frapée auroit receu s'exprimeroit par 13 x 17 $=$ 221.

Si

Si c est le mobile frapant la quan-
tié de mouvement sera $cc + bc$. la
vitesse Commune après le choc sera
$$\frac{cc + bc}{c + b} = c.$$

La quantité de mouvement de la
partie C sera CC, & la quantité de
l'autre bc conformément a le regle.

4. Quand le corps qui frape & celuy qui est frapé sont l'un & l'autre
comme on le suppose parfaitement
solides, celuy qui etoit en repos reçoit,
dans un instant toute son impulsion,
car puisqu'il est parfaitement solide
aucune de ses parties ne peut aller en
avant, sans que toutes les autres a-
vancent de même. Et puisque le
corps frapant ne s'arreste point (car
le mouvement ne sçauroit être interrompu, par des intervales de repos,
sans cesser tout a fait) au moment
qu'il atteint le frapé, il se meut luy
même & l'entraine avec luy. Un mobile A parcourt successivement la ligne AB & quand il est parvenu a
l'extremité B, Il ne s'y arreste
point, mais il la quitte incessam-
ment.

Il parvient à l'extremité B à la fin
du

du temps quil employe a parcourir
la longueur *AB* , & cette fin d'un
premier temps eſt immédiatement
ſuivie, & ſans aucun intervale, du
Commencement d'un ſecond. Si
donc un Corps en repos a préciſément, ſur l'extremité *B*, celle de ſes
ſurfaces qui eſt tournée vers *A*. Ce
Corps ſera touché a la fin d'un premier temps, & en partira immédiatement aprés, au Commencement
d'un ſecond, & comme deux ſurfaces qui ſe touchent immédiatement, ſe touchent ſans aucun intervale, la fin d'un premier temps, eſt
auſſi immédiatement ſuivie & ſans aucun intervale du commencement d'un
ſecond.

Des que le corps *A* ſolide a touché le corps d'un ſecond auſſi parfaitement ſolide *B*. & l'a mis en mouvement quoyqu'il le ſuive & continue à s'appliquer ſur luy immediatement, il n'augmente pas pour cela
ſa viteſſe ; parceque celuy des deux
qui ſuit, ne ſe meut pas plus vite
que celuy qui le précede.

Dans les corps même qui ſont tres
eloignés d'une ſolidité parfaite, il ne
ſe

se fait pas toûjours un nombre de secousses qui se succedent l'une a l'autre. Dans une cuve toutes les parties de la colomne pressent en même temps le fonds inferieur car comme une partie b repose sur d, ainsi une partie f repose sur b, la pression de f sur b se fait en même temps que celle de b sur d. En même temps encor que d cede a b, b aussi cede a f: il en est ainsi de toutes les autres, & si au moment que d part en vertu de la pression, & du choc de toute la colomne ab, cette colomne étoit aneantie, la partie d continueroit a se mouvoir de d vers g, avec toute la vitesse avec laquelle elle descend lorsque la colomne ab la suit.

On se tromperoit encor si l'on se figuroit un corps à ressort composé d'une infinité de petits ressorts, qui feroient chacun, l'un aprés l'autre, son impression dans un temps infiniment petit, car pour grosse que soit une masse, le nombre des parties d'une grosseur déterminée qu'elle renferme est fini, les parties a ressort sont d'une grandeur déterminée, puisque leur vertu dépend de leur

tis-

tiſſure, & qu'une partie à reſſort ſe reſſerre & s'etend, & a parconſe-quent des pores, or vne partie po-reuſe n'eſt pas neceſſairement com-poſée departies auſſi poreuſes, qu'el-le même, il n'y à aucune neceſſité de faire une telle ſuppoſition.

Obje-
ctions
reſolues

5. On croid communément qu'au-cune action ne ſe fait dans un inſtant, & je me trompe, ou j'ay lû quelque part cette maxime au nombre des *axiomes* : Mais c'eſt là une de ces *in-ductions* qu'on tire d'un nombre in-ſuffiſant d'experiences, les quelles on n'examine pas aſſez attentivement. Il faut un eſpace de temps affin qu'un mouvement devienne ſenſible, & qu'un mobile parcoure une longueur que nos yeux puiſſent diſtinguer.

Quand on paſſe rapidement la main ſur la flame, loin de ſe bruſler, a-peine en apperçoit on la chaleur, Mais on ſe trompe, quand on regar-de la flame, comme un corps conti-nu : ſes parties ſont écartées l'une de l'autre, elles ſont outre cela tres pe-tites, & par la chacune ne fait qu'u-ne legere impreſſion, il faut laiſſer le temps a une premiere, ou à une ſe-con-

conde, & aprés cela à une troiſiéme, de revenir à la charge & d'augmenter l'impreſſion.

Une de nos fibres n'eſt que tres peu ébranſlée, par le premier coup, Le ſecond redouble cet ébranſlement , le Troiſiême l'augmente encor. Ces impreſſions réiterées empêchent aux parties quelles ont ébranſlé , de reprendre leur ſituation , & en continuant de les écarter, elles les ſeparent enfin tout a fait, & juſques à cequ'une ſeparation ſoit faite , ou qu'un ébranſlement ſoit parvenu a un certain degré , on compte ſouvent un choc comme nul, on le croid ſans effet.

VI. On voit par la pourquoy un mobile, quoique mû aſſez rapidement, paroitra n'ebranler point le corps en repos, ſur lequel il tombe, & n'y produire aucun mouvement , Que *b* ſoit d'une once, & *c* de 1000 ; Quand même *b* viendroit de parcourir 10. pieds, dans une *ſeconde*, il ne produiroit dans le corps *c*, qu'un mouvement imperceptible, car ſi on conçoit cette longueur de 10 pieds diviſée en 1001. parties ; puiſque

I   1001XI

$1001 \times 1 = 1001$. la vitesse aprés le choc ne sera que de $\frac{1001}{1001} = 1$, c'est a dire que le corps c n'avancera pas de la milieme partie de 10 pieds, par-consequent il n'avancera pas de la centiéme partie d'un pied, il n'avan-cera pas d'une ligne & un tiers dans une minute seconde : ce progrés est imperceptible dans une masse de 1000 onces.

Loix du mouvement quand le mobiles se portent vers le même terme.

VII. Lors que deux corps parfai-tement solides se meuvent du même côté, jappelle b celuy qui a le plus de vitesse, & qui atteint l'autre, & celuy cy je l'appelle c. soit sa vitesse f j'appelle celle du premier $b + c$.

Il est Incontestable qu'un mouve-ment moins vite sera fortifié par un plus grand. Le Mobile c s'avançera donc apres le choc, plus rapide-ment qu'il ne faisoit avant le choc.

La quantité de mouvement de ces deux mobiles joints ensemble, s'ex-primera par la somme des mouvemens qu'ils avoient auparavant.

b Avoit $bb + cc$. A pres le choc il y aura donc, $\dfrac{bb + bc + fc}{b + c} = b + \dfrac{fc}{b + c}$

C'est à dire que la vitesse, aprés le

le choc, s'exprimera par le nombre des parties aliquotes du mobile le plus vite, plus la quantité du mouvement qu'avoit le plus lent divisée par la somme des mobiles.

Soit $b = 17$. $c = 13$. la vitesse sera $17 \times \frac{13}{30}$. Le mouvement de b sera de 289. (Quarré de 17) plus $\frac{663}{30} = 289 + 22\frac{3}{5} = 311 + \frac{3}{5}$.

Le mouvement de c sera $17 \times 13 + \frac{13 \times 3}{30} = 221 + 16 + \frac{10}{15} = 237 + \frac{9}{10}$. En tout 549 $= 17 \times 30 + 13 \times 3$.

Si c avoit eu le plus de vitesse & avoit atteint b & qu'on eut appellé sa vitesse $b + c$ $(17 + 13)$. Si la vitesse de b eût été $f = 3$. Aprés le choc la vitesse commune eût été $\frac{cc + bc + fb}{c + b}$

$$= c + \frac{fb}{c + b} = 13 + \frac{51}{30}$$

Le mouvement qui seroit resté dans c avroit été $13 \times 13 + \frac{51}{30} \times 13 = 191 \frac{3}{10}$ & celuy de b $13 \times 1 + \frac{51}{30} \times 17 = 249 + \frac{9}{10}$. En tout 441 $= 13 \times 30 + 17 \times 3$.

VIII. On connoit b. on connoit c (les deux mobiles) On conoit donc $bb + bc$. La quantité du mouvement Pro-
blême.

I 2   de

de b. on conoit fc quantité que b donnera de fon mouvement à c. qui aura enfuitte $x \times fc$.

Soit $bb + bc = a$ & $fc = g$. Dans b il reftera $a - x$ & dans c il y aura $g + x$.

La vitelfe de b & celle de c aprés le choc feront egales. Donc $\dfrac{a - x}{b} = \dfrac{g + x}{c}$ Donc $ac - cx = bg + bx$ Donc $ac - bg = bx + cx$. Donc $x = \dfrac{ac - bg}{b + c}$.

IX. Puifque $\dfrac{a - x}{b} = \dfrac{g + x}{c} \, b.c ::$ $a - x. g + x$ Comme la maffe qui pourfuit, & qui atteint, eft a l'autre; ainfi cequelle conferve de fon mouvement, eft a ce qui s'en trouve dans l'autre, aprés le choc. En effet puifque les vitelfes font égales aprés le choc, les quantités de mouvement doivent eftre proportionnelles aux maffes.

X. Pour amener a une feule formule les deux cas précedens; j'appellerai toûjours la quantité du mouvement qui précede le choc $bb + bc + fc$. &

& cette quantité eſt égale a celle qui ſuit le choc.

La viteſſe commune qui ſuit le choc ſera donc $\dfrac{bb + bc + fc}{b + c}$

Quand le corps c eſt repos, c'eſt a dire, lorsque ſa quantité de mouvement eſt infiniment petite, ou nulle, on aura $fc = o$. & alors la viteſſe commune aprés le choc ſera $\dfrac{bb + bc}{b + c} = b$

SECONDE PARTIE

Des choc contraires.

JE viens a un cas dificile, & ſur le quel, il me paroit que les ſentimens peuvent ſe partager avec plus de vray ſemblance, il s'agit de determiner ce qui arrive quand des maſſes parfaitement ſolides ſe choquent par des mouvements oppoſés.

I. La cas le plus ſimple eſt celuy ou tout eſt égal ; maſſes & viteſſes, & la deciſion de celuycy regle celle des autres.

Cas fondamental.

On

On croid que deux boules égales, & parfaitement folides l'une & l'autre, qui fe chocqueroient avec des vitefles oppofées & égales, a plomb & dans la direction d'une ligne qui joindroit leurs centres, farrefteroient tout court, & pafferoient en un inftant de l'Etat de mouvement à celuy de repos.

II. J'ay appris d'un officier (& il enavoit été le temoin) que le hazard ayant fait rencontrer deux boulets, ils tomberent a terre. Mais ni cette experience, ni aucune autre, ne peut decider cette queftion, puifque nous n'avons aucune maffe d'une folidité parfaite, il eft aifé de comprendre que deux mobiles confument le mouvement avec lequel il fe portoient l'un contre l'autre, a ployer, & froiffer reciproquement les parties dont ils font compofés. Cela ne fçauroit arriver fans que la matiere qui eft dans leurs pores n'en foit chaffée avec une extrême viteffe Reflechie en fuitte par l'air quelle rencontre, elle rentre dans ces pores au moins en partie, & elle en eft enfuitte repouffée. En un mot il fe produit, & dans les parties mêmes des corps folides, & dans la matiere
qui

qui remplit leurs pores une infinité
de trémouſſemens ſur les quels le mouvement direct des mobiles ſe conſume.

Quand on frape d'un bâton quelque corps, ſi ni ce corps frapé ni le
bâton qui le frappe, ne caſſent, on
s'aperçoit d'un vif trémouſſement,
non ſeulement dans la main, mais
encor dans les parties du bâton qu'elle tient.

J'ai vû des gens qui caſſoient contre leurs front & même contre leurs
coude des aſſiettes de bois epaiſſes
d'un pouce; Pour peu que la crainte
faſſe moderer le coup, toute l'im-
proſſion s'arrête ſur le front, ou ſur
le coude, & y cauſe de vives douleurs.
Ceſt ainſi encor qu'on caſſe, ou qu'on
ne caſſe pas des verres, ſur les quels
un bâton eſt ſoutenu, ſuivant que le
coup dont on le frape, eſt ou n'eſt pas
aſſé vit, & par la ou parte tout entier ſur
le baton qu'il caſſe promptement, ou
paſſe de luy ſur les verres. Ceſt par cette raiſon qu'un bois dur s'echauffe,
quand ou le lime, ſurtout ſi la lime
n'eſt pas aſſez fine. Quand un mobilene
continue pas à s'élancer directement,
ſon mouvement direct ſe change en

I 4

une

une àgitation de trémouſſement.

On ne peut rien ſuppoſer de ſemblable dans les parties des corps parfaitement ſolides.

Utilité des Ex-
periences.

III. Lors qu'on traitte vne matiere
a experience, on s'épargne bien des
paroles, & quelques fois bien des
recherches. Tantôt une experience
tient laplace d'une lòngue demon-
ſtration, & tantôt une experience
contraire a une Conjecture vray ſemblable, empéche qu'on ne ſe fatigue
inutilement à chercher des raiſons
pour la démontrer. Mais ſur la
Queſtion dont il s'agit, on n'a pour
principes que des Idées ? Il faut tâ-
cher de bien établir la notion du
mouvement, & d'en déduire tout le
reſte ; S'il ſe trouve quelques Experiences dont on puiſſe tirer quelque
ſecours, c'eſt par le ſoin qu'on prendra
d'en ſeparer toutes les circonſtances
qui varient l'action du mouvement
en luy même.

Deux mobiles d'une force égale
qui ſe rencontrent & ſe choquent directement par des mouvemens oppoſés détruiront ils reciproquement les
effets l'un de lautre, aupoint de faire

re évanouir leurs deux mouvements?

Se repousseront ils reciproquement l'un, l'autre; & par la rebrousseront ils, avec la même vitesse qui les avoit porté l'un contre l'autre?

Le mouvement est un Etat réel & actif. Suit il de là, quil ait la vertu de prendre une nouvelle direction des qu'un obstacle insurmontable luy empéche de continuer celle qu'il avoit?

Le mouvement d'un Corps ne diminue-t-il qu'à proportion de ce qu'il en produit dans un autre, & quand il en rencontre un qu'il ne peut ébranler garde-t-il tout celuy qu'il avoit, & en change-t-il seulement la direction?

Il seroit bien difficile de prouver qu'un homme qui répondra à la premiere de ces question, en affirmant, & en soûtenant que les deux mouvements sévanoviront, pense assez peu à ce qu'il dit, pour soûtenir une impossibilité.

On neprouvera pas plus aisément que ceux qui prendront le même party sur les trois suivantes, tomberont en contradiction. Ces cas

me

me parroiſſent poſſibles , & Dieu auroit pû établir , pour Loy du mouvement , dans de tels cas , celle qu'il
luy auroit plû de ces quatre.

Je me rends attentif a l'oppoſition
de deux mouvemens & dés là je me
repreſente qu'ils ceſſent l'un & lautre ; Ce que je me repreſente eſt
poſſible , Mais il ne ſenſuit pas qu'il
ſoit vray & que lachoſe doive neceſſairement arriver.

Un autre dira , les deux mobiles ſe
repouſſent reciproquement , par des
mouvemens contraires & égaux ; aucun ne donne de ſon mouvement a
l'autre , ladeſſus on çoncoit que chacun conſerue le ſien , & rebrouſſe
avec autant de viteſſe , qu'il etoit
venu. Je ferai ſur cette ſeconde Idée
la même reflexion , que ſur lapréce-
dente : Cela pourroit étre poſſible ,
ſans étre ſur.

Si on avoit des Corps d'une ſolidité parfatte , on ſe feroit inſtruire
par lexperience , & ſi elle tournoit
d'une manicre oppoſée a láttente où
lón étoit , & a l'idée qu'on s'étoit
fatte , on ſe rendroit plus attentif à
cette Idée , on en découvriroit les
de-

defectuofités , & on luy en fubfti-
tueroit une plus jufte.

Faute de ces experiences décifi-
ves, chacun garde la fienne, peut-
eftre parceque, ceft la premiere, qui
luy eft venuë dans l'Efprit ; peut-eftre parcequ'elle luy paroit la plus
commode, peut-eftre enfin, parcequ'elle fe trouve liée a d'autres notions, qui par l'effet de diverfes combinaifons, ont dupouvoir fur fon
efprit.

Je vois que le choc des Corps mols,
a les effets que j'ay attribué à celuy des Corps parfaitement durs,
lorfque l'un de ces Corps mols ne-
tombe pas affes rudement fur l'autre,
pour confumer une portion fenfible
de fa force en ployement de parties ;
On conclud de là à la force que le
choc a par luy même ; & les effets
de cette force combinés avec ceux
du reffort, & verifiés par l'experience, confirment les regles à l'eta-
bliffement des-quelles l'idéé du mouvement a conduit.

Mais ces fecours manquent dans le
cas prefent, dumoins ne fçauroient ils
établir une parfaite certitude. Je vois

 bien

bien que deux Corps mols, après s'être choqués par des mouvemens directement contraires & égaux, s'arrêtent sur le champ. Mais qui m'assurera que leurs mouvemens directs ne se font pas détruits par lébranlement, & par le froissement, deleurs particules, & que sans un tel effet, ils auroient rebroussé sans perte?

Avec tout cela, on ne l'aisse pas d'etre porté a juger des chocs qu'on ne voit pas sur le pied de ceux qu'on voit. Par là il peut arriver, que les conclusions les plus liées à des principes bien prouvés, ne laisseront pas de paroître paradoxes, dêtre suspectes de sophisme, & de rendre leurs principes douteux.

Aulieu de prendre parti dans cette controverse, je me determine a deux choses, 1°. J'exposerai las raisons qui peuvent servir à appuyer les deux hypotheses qu'on peut suivre sur cette Question. 2°. J'etablirai les Loix du choc & de ses Effets, suivant l'une & lautre de ces hypotheses.

Peut estre que si ceux qui ont travaillé à perfectionner la phyfique

fique avoient un peu plus suspendu leur jugement, & s'étoient contentés de proposer leurs idées, comme des conjectures à examiner, on auroit moins perdu de temps en contestations, & peutêtre que la chaleur des disputes, & la fausse honte qui la suit, auroient moins fermé les yeux à la lumiere de là Verité.

IV. Ceux qui prétendent que les chocs égaux en force, & directement contraires, doivent être incontinent suivis de repos dans les Corps parfaitement solides, ont pour eux l'Experience des Corps mols, & la maxime qu'un contraire se d'etruit par son contraire; le plus fort lémporte, & quand ils sont egaux, ni l'un ne l'autre n'a d'effet.

Exposition des deux hypotheses.

L'applatissement des Corps mols & le grand trémoussement qui survient à leurs parties, paroist beaucoup affoiblir cette preuve d'experience.

On répond a làrgument tiré de la *Maxime des contraires* que les *direftions contraires cessent*, s'il implique contradiction que l'une ne detruíte pas l'autre. Que les deux directions subsistent telles qu'elles
I 7
sont,

font, si ce n'est par une necessité qu'elles cessent, Or il nimplique pas de
même contradiction, que l'état de
mouvement persevere & que les mobiles prenent d'autres determinations. Tout ce qui peut subsister
subsiste, c'est la loy de la Nature,
qui a pour son fondement la réalité
& des substances & des Modes.

On a de la peine à concevoir qu'u-
ne maniére d'etre aussi réelle, un
Etat aussi actif que le mouvement
cesse d'exister en un instant. Car il
faut que ces deux mobiles cessent de
se mouvoir au moment précis quils
arrivent, chacun a l'extremité de la
ligne quil vient de parcourir; au moment quil arrivent au point de rencontre pour peu que leur mouvement
durat, il ne se perdroit pas.

Si des chocs de cette nature font
cesser & anéantissent le mouvement,
il s'en doit faire tous les jours une
prodigieuse perte dans l'univers; car
il n'est pas possible que dans cette
multitude de parties solides qui s'a-
gitent en tout sens, il n'y en ait un
grand nombre qui viennent a se rencontrer par des mouvements égaux,

&

& oppofés; Car quand même les viteffes des mouvemens, & les maffes
ne feroient pas égales, il fuffiroit,
dans cette hypothefe, que les quantités de mouvemens le fuffent pour
arrêter les mobiles tout court.

Il y a plus, quand deux Corps fe
rencontreroient avec des quantites
de mouvement inégales, la plus petite periroit entiérement & il s'en
perdroit encor dans la plus grande
une quantité égale a la plus petite.

Outre cela: les chocs les plus o-
bliques font toujours directs en quelque fens, car fi leurs mouvemens
font paralleles a un égard, à un autre auffi ils font perpendiculaires, &
tombent aplomb l'un fur l'autre.

Cependant ces petits Corps dont
le mouvement fe détruiroit tout à
coup, & fe perdroit abfolument,
fans qué dautres en profitaffent. Ces
petits Corps font les mobiler les plus
vites, & les plus actifs de l'Univers,
c'eft dans les mouvemens de ces parties fi petites, mais dont le nombre
eft prodigieux que fe trouvent les
reffources neceffaires, pour les mou-
ve-

vemens des plus grosses masses &
pour les effets les plus grands.

Est-il vraisemblable qu'entre les
Loix du choc des corps; Dieu en ait
établi une qui produit sans cesse ses
effets & dont les effets vont a diminuer continuellement la quantité de
mouvement, qu'il à d'abord trouvé
a propos d'établir pour la beauté de
l'univers.

Il se fait dans l'univers une infinité de chocs d'égale force, c'est de la
qu'on tire la grande raison de l'E-
quilibre.

Fig. 14. Le vif argent de *A* est au niveau
de celuy de *B*. si on enfonce en *B*,
un Tuyau qui ait communication,
par le moyen du Robinet *E* avec le
Balon D vuide d'air on n'aura pas
plutost tourné le Robinet que le vif
argent de *B* s'élancera dans le Balon *D*.

Quelque cause qu'on imagine pour
expliquer les phénomênes de la pesanteur, il faut convenir que l'impulfion de l'air sur *A* ne commence pas
à se faire précisément, dés que le Robinet *E* est tourné: L'air tomboit
sur *A* avec un mouvement de secouf-
sé,

se, en embas, Mais ce choc étoit sans effet, parceque le Mercure de *A* étoit repoussé contre l'air avec une égale force, par le moyen du choc qui se faisoit sur *B*.

Quelle prodigieuse perte de mouvement, si toutes les colomnes d'une vaste étenduë d'eau; & qui se balancent par des efforts égaux, perdoient chacune leur force.

Toutes les couches de notre Tourbillon ont une force centrirefuge; d'ou vient que chaque inferieure ne fait pas monter sa superieure, par l'impression avec la quelle sa force centrifuge s'élance? On repond que la superieure resiste a l'inferieure & l'heurte reciproquement par une force centripete; on a imaginé divers moyens pour allier ces forces centrifuges, & centripetes, on s'est partagé à cet égard; Mais on convient du fait, on convient de ces efforts, & de leurs Equilibres. Qu'elle prodigieuse perte de mouvemens, si ces efforts d'égale vigueur se font reciproquement évanoüir.

Mais la difficulté cesse, dés qu'on suppose qu'un effort de haut en embas

bas, lors qu'il ne peut faire defcendre le corps, fur le quel il tombe,
fe rabat fur luy même, & devient
effort de bas en haut. Les parties
liquides ont un mouvement pêle-mê-
le; celle qui ne peut continuer a defcendre, remonte, ou fi fon mouvement eft empêché en ce fens la; elle fe jette de la droite à la gauche,
ou de la gauche a la droitte, pendant
que d'autres parties circulent autour
d'elle, dans des fens differens. L'auteur de L'univers a agité de certe maniere les parties des liquides, en les for-
mant, & elles continuent a s'agiter ainfi, & a fe faire place reciproquement.

Les Tournoyement des differentes
conches s'affoibliroient fans ceffe, fi
les actions égales d'une fuperieure &
d'une inferieure détruifoient fans ceffe, dans chacune, une certaine quantité de mouvement.

Un fçavant, a qui je propofois
cette difficulté, me répondoit que le
Reffort repare ces pertes, parceque
dans les corps à reffort, la quantité
du mouvement eft fouvent plus grande aprés le choc que devant. Mais
1°. comme il luy arrive auffi d'être
plus

plus petite, cette reffource n'eft pa•
fure, & elle n'a rien de conftant. 2°.
La reponfe auroit quelque force, fi
le reffort étoit l'Effet d'une *qualité
occulte*, ou celuy de quelque intelligence attentive à reparer par ce
moyen, les pertes de mouvement qui
fe font dans la Nature. Mais fi le
rétabliffement des corps a reffort, &
la vigueur avec laquelle, ils fe débandant & pouffent ce qu'ils trouvent
en leur chemin, eft duë a l'agitation
d'une matiere invifible qui traverfe
leurs pores, & qui agit fur leur fubftance, cette matiere doit conferver
fon mouvement, pour être en état
d'en donner aux corps vifibles a reffort, aux-quels elle n'en peut donner
un feul degré fans enperdre autant elle même.

Quand un corps a reffort en rencontre un autre qui lui refifte, &
quil ne peut pas pouffer en avant,
comme il rencontre fur la furface de
ce corps dont il ne peut pas faire re-
culer le centre, des parties qui luy
cedent, il déploye fon mouvement
contr'elles, & pendant qu'il luy en
refte il le confume a les ployer; A-
yant

yant ainſi perdu ſon mouvement, il demeureroit en repos. ſi ces parties qu'il a ployées, & ſur les quelles, il n'y a plus rien qui agiſſe, ne ſe débandoient avec effort, pour ſe rétablir en leur premiere ſituation, & ne remettoient en mouvement le mobile qui les aployées en luy rendant, ou autant ou a peu prés autant de mouvement qu'il en a perdu contr'elles, plus ou moins ſuivant que leur reſſort approche plus ou moins, d'être parfait, & qu'il intervient plus ou moins de cauſes qui en dérangent l'action.

C'eſt ainſi que les corps a reſſort ſe reflechiſſent a la rencontre d'autres corps a reſſort. Mais conclure de là univerſellement, qu'aucun corps ne ſe reflechit & ne peut ſe reflechir, qu'apres avoir perdu tout ſon mouvement direct afin den recevoir un autre qui lui donne une direction oppoſée, n'eſt ce point trop conclure du particulier au general ; des corps à reſſort à ceux qui ne le ſont point, & rendre ſon induction trop univerſelle.

Un peu d'attention ſur le choc de
deux

deux boules à reſſort qui égales en maſſe ſe choquent directement avec des viteſſes égales & contraires, ne fourniroit elle point un ouverture pour reſeredre le cas conteſté & en diſſiper l'embaras.

Aprés que ces deux boules ont conſumé chacune ſon mouvement direct, en ployement de parties; ces parties qu'aucune cauſe ne continue à ployer, & ne force a demeurer ployées ſe rétabliſſent. Celles de la boule *b*, en reprennant leur premiere ſituation, pouſſent à la droite la boule *c*, de toute leur vigueur, en même temps que celles de la boule *c* ſe rétabliſſant de la même maniere, pouſſent a la gauche la boule *b* avec un effort é-gal.

On voit par cet éxemple que deux mobiles peuvent agir en même temps l'un contre l'autre par des impulſions oppoſées, & que chacune de ces impulſions produit ſon effet, en même temps que l'autre.

Ces impulſions égales, contraires, & efficaces l'une & l'autre, n'ont pas ſeulement lieu quand les viteſſes des deux boules ſe débandent reciproque-ment

ment l'une contre l'autre, ils ont lieu de plus dans le temps, que les parties des deux boules se ployent, car la boule *b* ploye vers un terme les parties de la boule *c*, en même tems précisément que la boule *c* ployr les parties de la boule *b*, vers un terme opposé.

Or quand deux corps parfaitement solides, & égaux se rencontrent, & se choquent, avec des vitesses égales, ils se poussent dans le même instant reciproquement l'un l'autre, vers des termes opposés; pourquoy ces impulsions demeureroient elles sans effet?

Ces deux impulsions reciproques doivent même d'autant plus n'estre pas sans effet, que celle de la gauche n'a pas besoin de produire du mouvement dans le móbile de la droitte, comme non plus il n'est pas necessaire que l'impulsion de la droitte fasse naitre du mouvement dans le mobile de la gauche, il suffit que chacune soit l'occasion ou la cause d'une determination nouvelle.

Les boules *b* & *c* se rencontreront par des mouvement opposés, & avec des vitesses égales, sur la ligne qui joint leurs centres, & elles s'y renconcontreront précisément à la fin d'une minute. Précisément a la fin de cette minute *b* pousse *c* & *c* pousse *b*. Dés là sans aucune interruption sans aucun intervale, au commencement précis de la minute suivante, l'effet de ces impulsions a lieu: Le mouvement de la boule *b*, qui étoit determinée de la gauche à la droite, prend une autre determination & rebrousse à la gauche; Comme par la même raison, celuy de la boule *c* rebrousse a la droite.

Ces nouvelles déterminations suivent la direction des deux impulsions & les mobiles rebroussent en parcourant la ligne qui joint leurs centres, ligne qu'ils avoient déja parcouruë, & suivant la direction de laquelle, ils agissent l'un contre l'autre, & comme il n'y à aucune cause absolument, qui les determine, tant soit peu a s'en écarter, ils ne s'en écarteront pas.

Le *mouvement* étant une maniere déstre reelle, & la determination une maniere d'être du mouvement, il est visible que le suiet d'une maniere d'être peut continuer d'éxister quand même

même cette maniere d'être cessera.

Si le mouvement est assez actif, & est necessairement & essentiellement assez actif pour produire, dans un corps en repos, un mouvement qui n'y étoit pas, pourquoy ne seroit il pas assez actif pour se procurer une determination nouvelle, quand il ne peut continuer d'agir dans celle qu'il avoit? Un corps en mouvement en déplace un autre, parce que sans cela, il ne pourroit pas se mouvoir; par la même raison un corps en mouvement qui ne peut pas perseverer dans sa determination en fait naitre une nouvelle, c'est la suite de sa nature essentiellement active, cela arrive parceque le mouvement est un état réel, actif, determiné à continuer d'être.

Qu'un corps en mouvement, dont la determination est arrestée par quelque obstacle qu'il ne peut vaincre, en prenne une autre de luy même; & sans y être forcé par quelques mouvement qu'il reçoive de nouveau, & qui se joigne à celuy qu'il a deja, on en voit une infinité de preuves incontestables.

Que les deux masses solides A & B, se choquent comme on le voit dans la

Fig. 15.

la figure certainement elles tourno-
yeront & les parties *g* & *c* prendront
des determina on nouvelles , par la
seule efficacité du mouvement qu'elles avoient déja.

Si on dit que *B* pousse *e* ; & que
A pousse *F* on reconnoit des impressions contraires qui ont toutes deux
leur effet.

L'eau qui circule dans des Tayaux
recourbés en mille manieres, & qui
se reflechit cent & ceut fois, se reflechit elle parce qu'aprés avoir per-
son mouvement contre la surface in-
interieure tuyaux, il luy est rendu
par le ressort de ces mêmes tuyanx.
Mais si cela étoit il ne se feroit point
par les frotemens les pertes que le l'experience démontre D'ailleurs de quelque matiere que soient les tuyaux,
pour vû que leur surface soit polie,
l'Eau prend égalément tous leurs dé-
tours & en sort avec une égale force.
Enfin l'Eau prend toutes les inflexi-
ons des tuyaux dont la surface interieure est garnie de mousse, ou d'un
enduit glaireux, & qui par la certainement n'a point, on n'a que tres
peu de ressort, quelque fois même

K

l'eau

l'eau coule avec plus de facilité dans
ces derniers Canaux.

Quand au bas d'une cuve on pose
un Tuyau horizontal d'une medioere
longueur, il en sort autant d'eau quil
en sortiroit par une ouverture perpendiculaire de la même grandeur & a
la même distance de la surface superieure, le mouvement de pesanteur
étant empêché par le fond, de s'ex-
ercer dehaut en bas & de produire
son effet en ce sens, pousse horizon-
tálement & determine suivant cette
direction, toute sa vigueur.

Ne pourroit on point se servir de
ce principe pour expliquer des phe-
nomênes qui semblent tres paradoxes.
On pousse par le moyen d'une serin-
geur de L'air dans un vaisseau, dé-
j'a plein d'eau (où d'air, dans lécat où
se trouve l'air exterieur), si dans ce
vaisseau une partie E se trouve plus
foible que les autres elle cede plus
qu'elles, & le mouvement de tout le
liquide se jette de ce côté là, delor-
te que se elle n'est pas capable de soûtenir tout l'effort avec lequel l'air est
poussé par la seringue & la vigueur de
leffet qu'il doit produire, le vaisseau

Fig. 15.

feau caffera en *E*, on tient que le même effort de la preffion caufée en *b*
fe multiplie affés pour agir tout entier fur chaque partie egale à *E*. Mais
quand cela ne feroit pas il fuffit peuteftre de dire que dés que celle ci
cede plus que les autres, le mouvement caufé par la feringue en *b*, fe
jette tout entier fur la partie qui cede, & du côté où il trouve le moins
de refifternce.

Une boule fufpenduë à un fil, a-
prês être defcenduë auffi bas que ce
fil, qu'elle ne peut caffer, le luy permet, remonte, fans être ni tirée ni
pouffée en haut. Son mouvement
qui étoit mouuement de defcente fe
change de luy même, en mouvement de montée. Dans fa chûté,
on fa determination en embas, & dans
fa reflexion, où fa determination vers
le haut, c'eft le même mouvement
qui continue.

Et tout corps qui circule changè
fans ceffe de determination, fans y ê-
tre obligé par des impulfions nouvelles; fon mouvement qui ne peut pas
continuer en un fens, & vers un certain terme, fe determine vers un au-

K 2

tre

tre, des la vers un troisieme &c. & cela une infinité de fois.

A La verité on le conçoit poussé d'un côté, suivant la direction de la Tangente del'arc du Cercle qu'il d'ecrit & d'un autre tiré par le fil suivant la direction du Rayon du Cercle.

Mais n'est ce point là une imagination, & une supposition taute gratuite, au cas *que cela fut, on en verroit naitre l'effet qu'on observe donc cela est* La consequence n'est pas juste, Il faudroit avoir prouvé qu'il est impossible d'expliquer le phénomêne par une autre voye ou avoir démontre l'existence de la cause à la quelle on l'attribue. Un Epicicle explique un phénomêne d'Astronomie, donc cét Epicicle en est la cause, il y a longtemps qu'on se mocque de cette consequence,

Je reconnois que dans les mouvemens Circulaires il arrive le même effet que si deux causes poussoient en même temps le mobile, l'une versle centre, l'autre le long d'une tangente, & cela dans une certaine proportion, Mais comme cette traction de

fil

fil eſt ſuppoſée, & quo le fil n'a nulle action, puiſquil n'a nul mouvement de la circonference au centre,
je conclus ſimplement que le mobile
dans l'impuiſſance où il eſt de ſuivre
toute l'impulſion, qui le determine
le long d'une tangente, change lui
même ſa determination, autant que
feroit un ſecond mouvement, qui ſe
joindroit an premier pour produire
un effet commun.

Si on ſe repreſente le cerele com- Fig. 17.
me un polygogone ſitué tel que celuy qu'on voit en *A*. Le côté *b e*, eſt
parcouru par un mouvement qui tient
de l'horizontal, & du perpendiculair
en embas, le côté *c d* eſt enſuitte parcouru par un mouvement compoſé
enpartie de l'Horizontal qui continuë, en partie d'un tout nouveau qui
qui eſt perpendiculaire en enhaut ; de
quelle impulſion ce dernier vient-il,
& n'eſt il pas directement contraire
a l'autre ? ainſi un mobile qui ne peut
continuer a ſe mouvoir ſuivant uue
certaine direction, en prend de luy
même une autre.

Si on aïme mieux ſe repreſenter le
cerele ſitué comme le Poligone *B. ef*

le

se parcourt par un mouvement qui tient en partie de la descente. Le mouvement *fg* est purement horizontal, celuy de descente est énavoui en *gh*, & on en voit naitre, un tout nouveau *de montée*. Du milieu même *fg*. Jusqu'en *g* la montée commence, & le mobile au contraire a un peu descendu depuis *f*, jusqu'au milieu de *fg*.

Examinons encor avec un peu plus de détail ce mélange de direction dont la subtilité plait & est propre à éblouir.

Apres que le mobile a décrit le côté *bc*, on une tangente parallele à ce côté, il est determiné par la même à continuer de se mouvoir sur la ligne *ck*. Mais le fil le tire de *c* en *o*, si la traction *co* étoit égale en force à l'impulsion *ck*. Le mobile en *c*, poussé d'un côté suivant la direction *bc*, d'un autre suivant la direction *mc*, & cela par des forces égales, décriroit le côté *dc* egalement distant de *mc*, & de *bk*, Mais si la force *mo* est infiniment petite en comparaison de la force *bk* le mobile parvenu en *c* ne se detournera de *ck*
du

du côté de *o* qu'infiniement peu, &
le chemin qu'il prendra nu fera qu'un
angle infiniment obtus, (ou plus
ouvert qu'aucun angle rectilique affignable) avec *b c*, & plus petit qu'aucun angle recti ligne avec *c k*, &c.

Mais dirat'on cette traction de *c*
en *o*, enquoy confifte t-elle, qu'elle
en eft la caufe ? la cherchera t-on
dans le repos feul ? la trouverat-on
dans la caufe, qui empêche le fil de
fe caffer ? Mais cette caufe n'a t'elle
qu'une force infiniment petite, elle
qui peut égaler le poids d'un tres
grand nombre de livres ? Un fil d'a-
çier retirera-t-il le mobile uers le centre avec plus de vigueur, qu'un fil
de chanvre ? Le mobile qui décrit le
cerele *c* fe détourne bien plus de la
direction des tangentes que celuy qui
décrit le cerele *B*, ce detour peut croitre diminuer a l'infiny, le fil qui fou-
tient ce mobile le tire t'il avec plus
de vigueur vers le centre, dans un
de ces cas que dans l'autre, ce que le
fil ne caffe pas, n'eft il pas un effet,
conftant de fa dureté qui demeure la
même, dans l'un & l'autre de ces
cas ?

K 4

N'eft

N'eſt il pas plus ſimple de dire que le mobile determiné a décrire une tangente, & ne le pouvant, ſe determine, par la même qu'il ſe meut, à prendre une autre direction & que la premiere ſubſiſte autant que l'impuiſſance où il eſt de caſſer le fil le luy permet?

Fig. 18.   Quand un mobile *A* ſuſpendu au fil *AB* eſt pouſſé de *A* en *E*, & que le fil *AB* s'applique ſur la ſurface cycloidale *BHC*, ceſt à l'impulſion du mobile *A* qu'eſt du ce roulement *BHC*, enſuitte du quel *A* decrit une courbure cycloidale, Ce neſt pas le fil *BA* qui donne de l'action au corps *A*, c'eſt au contraire le mouvement du corps *A* qui donne auſſi *BA*, tout ce qu'il a d'action & de mouvement, Le mouvement du fil, dont le mobile *A*, eſt la cauſe, ne peut ſe faire ſans qu'il prenne la courbure *BHC* voila pourquoy il la prend, & de cette courbure celle que décrit *A* eſt un adjoint neceſſaire.

Quand le mobile *A* aprês être parvenu en *E* ou en *K*, ceſſe demonter & commence a deſcendre, il ne le peut ſans developper le fil *CHB*, il dele developpe donc, & de ce developpement naitra la courbure *KEFA*.

Ce n'eſt point le fil *EH*, qui tend à retirer le poids *A* en haut, ſuivant la direction *EH*, pendant que de ſon côté de même poids *A* s'efforce de décrire la tangente de l'are, qu'il vient de commencer, au contraire, c'eſt vniquement le mobile *A* qui tire le fil *HE*, ſuivant la direction *HE*.

D'ou vient qu'il ne le developpe que peu à peu de deſſus la courbure, *CAB*? c'eſt qu'il eſt impoſſible, que le mobile *A* ſe trouve en même temps en *E*, en *F*, & en *A*. de même qu'il eſt encor impoſſible que le développement ne ſoit pas ſucceſſif, mais ſe faſſe dans le même juſtant indiviſible, en *C*, en *H*, & en *B*. D'ou vient cette impoſſibilité? Dé la nature même du mouvement qui eſt neceſſairement ſucceſſive, Cela ſuffit pour en faire comprendre la raiſon, ſans qu'il ſoit nullement neceſſaire de recourir a une *force d'inertie* que cauſe la reſiſtance du fil à ſe developper & luy donne uné réaction, car puiſque ſon développement inſtantanée

K ſ   eſt

eſt impoſſible, ſi cette impoſſibilité fondoit la *reaction du fil*, cette réaction au lieu d'être d'une force, infiniment petite, comme on le ſupoſe, ſeroit au contraire d'une force *infiniment grande*, puis que rien n'égale, en force de reſiſtance, *l'impoſſible*.

Il dis donc, 1ᵉ. que le corps *A*, parvenu en *K* eſt déterminé à deſcendre par l'impulſion que luy donnent les cauſes qui fout deſcendre certains corps, 2°. il ne peut deſcendre ſans que le fil au quel il eſt attaché ne deſcende auſſi, 3°. le fil ne peut deſcendre ſans ſe développer, 4°. ce développement ne peut ſe faire que ſucceſſivement 5°. de tout cela il reſulte que le mobile *A* ne peut deſcendre ſans décrire une certaine courbe, 6°. L'impulſion qu'il a receve l'a mis dans un état de mouvement. 7°. Cet état eſt réel, actif de ſe nature, & par la même determiné à continuer & à agir, 8°. Ne pouvant conſerver, lors qu'il eſt parvenu en *E*, la même determination préciſement & la même direction, ſuivant la quelle il commençoit de ſe mouvoir en *E*. il la change 9°. & pourquoy la change-t-il

il plutoſt que de ſarrêter, Parcequ'il
eſt de ſa nature réel & actif, determiné à continuer d'être & à agir,
1c°. En quoy conſiſte ce changement?
Il eſt auſſi petit que les circonſtances,
poſées cy devans le permettent, Un
état réel perſevere tel qu'il eſt, autant que cela eſt poſſible, & ne ſe
change qu'à proportion qu'il y eſt
forcé, & qu'il ne peut conſerver autrement le reſte de ce qu'il eſt.

Les pertes du mouvement ſeroient
prodigieuſes dans l'Hypotheſe, que
les chocs égaux ſe détruiſent, & ſes
ſuittes : Les moyens qu'on imagine
pour repares ces pertes par le reſſort,
ou par les chocs obliques, ſont ob-
ſcurs, incertains & expoſés à de grandes difficultés; comme on le verra
encor dans la ſuitte.

Qnoyqu'il en ſoit ceux qui ſont
pour l'Hypotheze qui n'a pas cette
perte, demandent qu'on faſſe attention a la veritable cauſe pour la qu'-
elle un mobile perd de ſon mouvement, Si aprês un choc diſent ils,
un mobile ne continuë pas à ſe mouvoir, avec la même viteſſe, qu'au
paravant, ce n'eſt pas, qu'une partie

K 6

de

de son mouvement soit détruitte par
une espece d'effort, de resistance, &
de réaction, que luy oppose un corps
en repos; Mais c'est parceque la masse étant grossie, elle doit faire moins
de chemin, sans quoy le mouvement
d'une premiere & d'une seconde masse, jointes ensemble, seroit plus
grand que n'étoit le mouvement de
la premiere seule, lequel est pourtant l'unique cause du mouvement,
qui se trouve dans l'assemblage des
deux; Cela posé, il se croyent en
droit de conclurre qu'un corps parfaitement solide doit conserver toute
la vitesse de son mouvement, dans
tout les cas où il n'en donne point
a ceux qu'il rencontre, pour continuer son chemin, après les avoir
poussés directement avant luy, ou les
avoir écartés dans le sens qu'ils s'op-
posoient à son passage.

Loix
des
chocs
suivant
la se-
conde
hypo-
these.

V. Suivant cette hypothese tels
seront les effets des chocs directs.

1o. Les boules b & c égales, après
s'être rencontrées par des mouvements directement contraires & é-
gaux, rebrousseront chacune vers le
terme d'où elle venoit, avec toute
leur vitesse précedente.   2.

2o. La même chose arrivera, si, par l'effet d'une proportion reciproque entre les vitesses, & les masses, Deux boules parfaitement solides de differentes grosseurs se rencontrent avec des quantites de mouvement égales, en telle sorte que la ligne qui joint leurs centres, passe par le point de leur contact.

3°. Si les quantités de mouvement sont inégales, & parconsequent les chocs inégaux en force, la boule *c* qui a le moins de mouvement, & par conséquent de Vigueur, cedera, puisqu'elle rebrousseroit, quand même son effort seroit égal a celuy de la boule *b*.

La boule *c* ne s'arreste pas àpresser la boule *b*, pendant la durée d'aucun temps, pour petit qu'il soit; elle touche à la fin d'une minute la boule *b*, & elle la quitte au commencement de la suivante, sans qu'il y ait en aucun intervale de temps entre cette fin & ce commencement. Le mouvement de la boule *b*, n'a donc doint été retardé, elle a rencontré un obstacle, qu'elle a vaincu, & qu'elle n'a eu aucune peine à vain-

K 7

cre

cre, par la promptitude avec la quelle, il a été neceffité de ceder. Elle continuera donc a s'avancer avec tout fon mouvement, comme fi elle n'avoit trouvé aucun obftacle, puifque cèt obftacle eft parti au moment qu'il devoit agir. Le commencement du fecond temps où elle rebrouffe touchant, fans aucun intervale, la fin du premier où il luy arrive de toucher la boule *b*, c'eft au commencement du fuivant qu'elle la poufferoit, Mais elle en eft plus fortement pouffée, & elle cede a cette impulfion.

Si l'une & l'autre étroit à reffort, l'une & l'autre perdroit de fon mouvement, & le perdroit en tout on en partie à ployer les particules de fon antagonifte, Mais c'eft ce qui ne peut arriver dans la fuppofition préfente.

Mais ce 3°. cas fe fubdivife en deux.

1°. Il fe peut donc que la boule, qui aura la moindre quantité de mouvement, & qui par confequent fe reflechira d'abord, ne laiffera pas d'avoir une plus grande viteffe, comme il arriveroit, fi par ex, une boule

le de 2. onces avoir 20. degrés, de
viteſſe (ce qui feroit 40. de quantité)
& qu'elle choquat par un mouvement contraire, une boule de 12 onces qui s'avanceroit contr'elle avec
4 degrés de viteſſe, ce qui feroit 48.
de quantité.

En ce cas là, la boule c, rebrouſſe avec ces 20. degrés de viteſſe, &
elle abandonne la boule b, qui continuë avec ſes quatre degrez comme
au paravant, ce cas n'exige aucun
calcul.

5°. Mais la boule c, qui a le moins
de mouvement, peut auſſi avoir le
moins de viteſſe, comme par ex, ſi
étant de 4. onces; elle n'avoit qu'un
degré de viteſſe, ce qui feroit 4 degrés de quantité.

En ce cas la boule c rebrouſſeroit
d'abord avec ſon ſeul degré de viteſſe, Mais ſi la boule b la ſuivoit. Ce
ſeroit une neceſſité, que cette boule b pouſſât en avant la baule c & luy
ajoûtat quelque degré de viteſſe.

C'eſt la le cas, déja établi, de deux
mobiles qui vont au même terme,
ſur la même ligne, Mais dont l'un
atteint l'autre

La

La *sommi* des mouvements feroit
12×5 † 4 = 64.

La viteſſe commune $\dfrac{64}{12\dagger4} = 4$.

La quantité de mouvement que
conſerveroit la boule *b* feroit 12×4
= 48.

Toute la quantité que la boule *c*
avroit aprês le choc feroit 4x4 16.

La fomme feroit de 64. comme
au paravant. La boule *c* en auroit
donc receu 12 60 — 48. C'eſt ce
qu'aperdu la boule *b*,

Si les boules éroients égales & que
b ent 12 degrés de viteſſe, & *c*, 4.
Alors la viteſſe commune feroit.
$\frac{16}{2} = 8$. *b* & *c* égales auroient chacune 8 degrés de mouvement. *b* en
auroit perdu, 4 & *c* receu autant.

$$\dfrac{12\times1 - 4\times1}{2} = \dfrac{8}{2} = 4.$$

Quand on dit qu'un Corps d'une
once, rencontrant avec 3 degrés de
viteſſe un autre Corps de 4 onces,
qui ſe meut avec une viteſſe de deux
degrés, ſur la même ligne en ſens
contraire, il reſulte de ces deux
chocs, que le premier ſe reflechit a-
vec

vec fes 3 degres, & que le Second
continué davancer, avec les deux
qu'il avoit, ce qu'on à accoütumé
de voir fait trouver cette propofition
tres hardie. Quand deux mouvements font ainfi oppofés, ou n'a pas
accoutumé de voir que le plus fort
l'emporte fur le plus foible, fans quelque perte du fien. Mais on trouve
la caufe de cette perte dans le ployement & l'ebranflement des parties qui
retarde le mouvement progreffif &
total des maffes.

Ici rien n'arrive, & ne peut arriver de femblable. Si au moment que
le corps *b* parvient à l'extremité de
la ligne, qu'il doit parcourir, afin
de toucher le corps *c*, il étoit anéanti, c'eft fans contredit quil ne feroit
aucun obftacle au mobile *c* & que
celuy ci continueroit fa route, comme fi le corps *b* ne s'étoit jamais ap-
proché de lui. Concevés qu'au moment que le corps *b* arrive à l'extremité de cette même ligne, quelque
caufe, une Intelligence, fi vous vou-
le, le retire en arriére & l'oblige à
refaire le chemin quil vient de parcourir, en ce cas la encor il eft vifible,

ble, (diront les defenseurs de l'hypo-
thele, que j'expose présentement,)
que le corps *b* n'arresteroit nullement
le corps *c*. Lafin d'une premiere minute n'est pas le commencement d'u-
ne seconde. A la fin d'une premiere
c, touche *b*, au commencement d'u-
ne seconde *b* le précede, or si *b* précede *c* d'un mouvement d'egale vitesse, & à plus forte raison, s'il le
précede d'un mouvement plus vite,
il ne l'arrestera point & ne le retardera point.

La nature du mouvement qui ne
s'arreste point, & qui pour ne point
s'arrester, & ne point cesser d'etre
en s'arrestant, est determiné & necessité par sa nature à changer une
direction qu'il ne peut conserver, &
a en prendre une autre; la nature
du mouvement dis-je est cause que le
corps *b*, qui à la fin d'une premiere
minute a touché le corps *c*, le quitte
au commencement d'une suivante,
d'où il suit que le mouvement du
corps *c* n'est point interrompu, mais
qu'il a son cours toujours libre. Il
est parvenu saus rien perdre de son
mouvement a l'extremité de la ligne,

ne, qu'il a acheué de parcourir, au moment qu'une premiere minute finit, & a feconde ne commence pas plutoft, qu'il eft en état de continuer fon mouvement fans oppofition, parceque l'obftacle, qui auroit pu le retarder eft party fans qu'il ait eu befoin, de luy rien donner. Le Mouvement dineidence de ce lui cy s'etant dabord tourné a la rencontre de *c*, en mouvement de reflexion.

Un mobile ne perd de fa viteffe, que quand il en donne à un autre, il n'en perd que dans les cas où le rencontré en doit recevoir, afin de s'avancer d'un pas égal, avec le rencontrant: Mais lors que la reflexion & le rebrouffement del'un fuffit pour qu'il faffe place a lautre, celui ci ne doit rienperdre.

Telles font les raifons par les quelles, ou peut appuyer l'hypothefe, fuivant la quelle ou vient de régler les chocs directement oppofés.

VI. Suviaut lautre lors que les corps *b* & *c* out des quantités de mouvement égales, elles s'evanoviffent reciproquement toutes entieres par leur mutuelle oppofition.

Loix fuivant la premiere.

Si

Si les quansités de mouvement sont
j'négales, la plus petite se perdra
tout afait ; Il s'on perdra autant de
laplus grande, ce qui en restera ser-
uira à porter en avant la masse composée des deux mobiles, dont l'un
a perdu tout son mouvement, & l'autre une partie, & ce reste se partagera àproportion des masses.

Un des mobiles a b & l'autre $b \dagger c$.
b se d'etruit dans l'un & dans l'autre
pour partager c, j'appelle une des
masses d. & lautre f. la vitesse du
mouvement qui reste dans f, c'est
$\frac{c}{f}$ & ce $\frac{c}{f}$ je l'exprime par $f \dagger d$;
car je puis diviser le chemin que f
feroit seul avec ce qui reste de mouvement en telle sorte que le nombre
de ses divisions s'exprimera par $f \dagger d$
laquantité s'exprimera alors par
$ff \dagger fd$. & lavitesse commune aprés
le choc sera $\frac{ff \dagger fd}{f \dagger d} = f$ la quantité
de mouvement qui restera à f sera
ff, & celui de d sera df, Tout comme si f avéc la quantité $ff \dagger fd$. a-
voit rencontré d en repos. $d = 2$.
$f = 4$. La vitesse de $d = 4$. la vitesse

teſſe de $f = 8$. donc la quantité de mouvement de $d = b = 8$. & la quantité de mouvement de $f = b \dagger c = 8 \dagger 24$. c eſt donc $= 24$. & la viteſſe reſtante à f eſt $\frac{c}{f} = \frac{24}{4} = 6 = d \dagger f$

Si la viteſſe de f avoit été $= 9$, ſa quantité de mouvement auroit été $= 36$, d'ou otant $8 = b$, il ſeroit reſte $28 = c$. $\frac{28 - c}{4} \cdot f$ auroit été la viteſſe reſtante, égale a 7 que j'aurois pourtant exprimé par 6. pour avoir $ff = 16$. pour la quantité reſtante a f & $fd = 8$. pour la quantité de d ce qui auroit donne 24 au lieu de 28. Mais en faiſant 24, 28 :: 6, 7 ::

$\begin{cases} 16. & 18\frac{2}{3} \\ 8. & 9 \end{cases}$ j'auray les quantités, de mouvement exprimééſ ſuivant les premieres meſures.

VII. Un cube A eſt en repos, & ſuſpendu. Un cube B égal a A, & parfaitement ſolide, comme luy le frappe ſuivant la direction de la ligne cd, qui joint leurs centres, Si le cube n'etoit pas ſuſpendu, A & B, feroient dans un temps determiné chacun ſur la ligne cd prolongée, la moi-

Prenqu'un mobile a la force de changer ſa determination quand il ne peut pas le contener.

moitié du chemin que *B* avoit fait dans le même temps avant que de rencontrer *A*.

Fig.19.   *A*. Tournoye avec une quantité de mouvement égale à celle qui reste en *B*.

La partie *c*, de ce cube fait plus de chemin que la partie *f*, puisque celle la est plus eloignée du centre que celle ci.

Puis donc qu'en tout *A* n'a pas plus de vitesse que *B*, il faut que la partie *C*, se meuve plus vite, que le centre de *B* & que le reste des partie de ce cube *B*, (qui decrivent toutes des lignes paralleles, a celle que décrit le centre) ayent moins de vitesse dans la même raison que *f* se meut plus lentement.

Le cube *B* est donc plus retardé en *h* qu'en *g*, & au cas que sa pesanteur ne le fasse pas tomber, la partie *g* avancera plus que la partie *h*, & il se determinera par luy même a tournoyer. C'est ce qui arrivera si on suppose les cubes tres polis, sur une table horizontale, & tres polie, à la surface de la quelle le fil *k o*, soit parallele.

VIII.

VIII. Quand un reſſort *AB*, aprês avoir été ployé dans deux ſens contraires, (& preſſé de la circonference vers le centre, dans deux points directement oppoſés, dans la direction du diamettre *c d*) ſe débande auſſi de deux côtez, il eſt d'abord determiné à partager l'effort de ſa dilatation pour en deployer la moitie d'un côté, & la moitie de l'autre.

Mais s'il ſe rencontre d'un de ces côtés, un obſtacle inébranlable, toute ſa force ſe jette du côté oppoſé, cela prouve que rien ne ſe detruit de tout cequi peut ſubſiſter, ſi ce n'eſt par dans un ſens, c'eſt au moins dans un autre

Quand un reſſort qui ſe débande de deux côtéz, heurte deux poids differents, La viteſſe, qu'en recoit le plus gros *E*, eſt a la viteſſe, qu'en recoit le plus petit *F*, en raiſon de *F* à *E*. Les viteſſes ſont en raiſon inverſe des maſſes. On allegue cette experience, comme une preuve *de la force de l'inertie*, Le reſſort *AB*, rencontrant un obſtacle invincible en *c*, ſe débande de toute ſa force du côté de *d*. Mais ſi l'obſtacle

cede

Examens des preuves qu'on tire d'un reſſort qui ſe debande.
Fig. 20.

cede, & n'a qu'une refiftance finie, le reffort ne fe déployera du côté de *d*, qu'auec une partie de fa force; & comme la force de l'inertie *F* eft plus grande que celle de *E*, il fe débande auffi du côté de *E*, plus que du côté de *F*, à proportion que l'inertie de l'obftacle *F* eft plus opiniâtre, que l'inertie de l'obftacle *E*, & fait une plus grande oppofition a fon reffort.

Cette preuve ne me paroit pas concluante, çar en fuppofant les deux dilatations, celle de *c* & celle de *d* égales, le mobile *F* heurté par *d*, & le mobile *E* heurté par *C*, receuront l'un & l'autre une égale quantité de mouvement, Mais par la même les viteffes, de ces deux mobiles, feront en raifon inverfe de leurs maffes.

IX. On allegue auffi en preuve de la force de l'inertie, & de la *réaction* du repos, l'experience fuivante.

Un batteau eft en partie plongé, dans une Eau tranquille; on y attache une corde, & on le tire vers le bord. Cette corde eft tenduë près du bord, par la puiffance qui tire, Mais elle n'eft pas moins tenduë, vers

le

le batteau ; cette seconde *tension*, est l'effet de la réaction, & de la resistance du repos.

Le bras qui tire fait un effort suivi d'un mouvement d'autant plus lent, que la masse du batteau, & celle de l'Eau, qu'il faut mettre en mouvement, sont plus grosses : Cét effort agit dabord sur la corde, & en tend immediatement le premier pouce, ce premier pouce, sur lequel tombe le premier effort immediat de la puissance étend le second avec la même force, qu'il a été tendu luy même & dirigé suivant la determination, qu'on tend a donner au batteau; La tension passe ainsi, de partie en partie, jusques à la derniere qui touche le batteau. Le mouvement de la puissance est la seule cause réelle de cette tension, le repos du batteau n'en est qu'une occasion, parcequil rallentit la vitesse qu'auroit la puissance, puis que la vitesse s'exprime par la quantité du mouvement, ou la force de l'impression, divisée par la masse qui se meut. Objection.

X. Mais si un mobile ne perd de son mouvement, qu'antant qu'il en donne à d'autres; Que devieut donc

L le

le mouvement des Corps laucés de
bas en haut ? Quelle est leur action
sur ceux qui les repoussent en embas,
& qui les oblige enfin à descendre ?

XI. C'est la une question fort
composée & qui demande un grand
détail sur les causes de la pesanteur,
& sur la maniere dout elles agissent.
Ce détail pourroit fournir la matiere,
d'un long discours , ce n'en est pas
le lieu Mais Jespere que trois remarques pourront suffire pour empêcher qu'on ne se rende à cette objection & qu'on n'en soit même ébranlé.

1°. Si pour se croire en droit de
penser qu'on a suffisamment établi u-
ne hypothese , il falloit repondre en
détail , à toutes les objections prochai-
nes & éloignées , quîl seroit possible d'y faire , les plus petites questions demanderoient de tres gros vo-
lumes , & encor risqueroit on toujours d'onblier quelque chose.

2°. Si on essaye de concevoir que
quand un mobile est lancé de bas en
haut , & venant a rencontrer des
Corps que le poussent en embas, il se
fait un tel conflict de mouvemens
opposés , que le plus foible s'esteint,
&

& le plus fort conferve la quantité dont il furpaffoit le plus foible; Si l'on effaye encor de concevoir, qu'au moment fuivant, il fe fait un nouveau conflict, de même nature que le premier, jufqu'a ce qu'enfin ce qui reftera de mouvement au Corps qui montoit, fe trouvant plus foible que l'effort qu'une matiere fuperieure fait contre luy, pour l'obliger a defcendre, ce foible refte, s'aneautiffe, fi disje, on raifonne fur cette propofition, on s'apperceura bientoft, que les conclufions qu'il en faudroit tirer, feront toutes contraires a celles, dont l'experience nous inftruit fur la maniere dont fe diminue le mouvement des Corps pefants, lors qu'ils montent.

3°. Ce que ces corps là perdent de leur mouvement, fe change donc en tremouffement de parties, foit des parties qu'ils renferment dans leurs pores, foit des parties du liquide qui les environne, foit enfin des parties qui leur font propres, & qui compofent leur fubftance, & voila, pourquoi les corps lancés vigoureufement s'echauffent & quelquefois même s'enflamment lors qu'ils font combuftibles. *L 2* Et

Et c'est ainsi engeneral, que quand un corps terrestre, poussé horizontalement, est à la fin parvenu a terre par l'action des Causes de la pesanteur, ce corps ne pouvant ni se reflechir en enhaut, veu l'opposition continuéé des causes qui l'ont fait descendre, ni fendre la terre, briser ses parties, & vaincre les efforts des causes qui les tiennent liéés, ce qui lui reste de mouvement, entre ces efforts opposés, qu'il nepeut vaincre, se determine en tremoussement, & en ce sens, il est permis de dire qu'un corps terrestre qui a été une fois en mouvement ne parvient jamais à un parfait & absolu repos; voila, pourquoi il n'y a presque point de corps qui ne s'uze.

Pour ce qui est des petits corpuscules parfaitement solides, ils trouvent toujours dans le liquide dont il font parties, des corpuscules qui par leurs tournoyemens, leur petitesse, leur polissure, leurs mouvemens qui se font en mille sens, ils trouvent toujours, parmy detelles agitations, des moyens, ou d'avancer ou de reflechir ou de tournoyer, ou de changer

ger des determinations directes en determinations obliques &c.

XII. ON prend quelque fois de
simples apparences de réaction & de
resistance, paur des resistances réelles, un mobile *A* après avoir fait 6
mesures de chemin dans une minute,
rencontre *B* qui lui est égal en repos,
il l'entraine avec lui & chacun fait 3
mesures dans une minute, si le corps
B avoit eu deux degrés de vitesse il
n'en autoit reçeu que 2 du corps *A*.
Mais ce que le corps *A* auroit fait u-
ne moindre impression, n'est point
une preuve, d'une plus grande resistance en *B*, au contraire loin de resister, il élude l'action de *A*, & par
la il en reçoit moins, & effectivement il n'est pas necessaire qu'il lui
en donne autant pour s'avancer ensemble.

XIII. Mais cela étants ainsi, d'ou
vient qu'un corps qui decent par le
seul effet de la pesanteur, reçoit,
dans tous les temps egaux, des accroissemens egaux?

XIV. A cela je reponds, quand
il fait dans un temps trois mesures,
il élude trois fois plus l'action qui

L 3   fait

fait defcendre les corps pefants, que
quand il n'en fait qu'une; Mais comme il décrit un efpâce trois fois plus
long, il y rencontre 3 fois plus de
de ces caufes, qui font defcendre les
corps, & il en reçoit trois fois plus
de fecouffes, il eft expofé au triple
d'impreffions, en fuppofant que le
nombre des impreffions crôit comme
les efpaces. Le nombre des fecouffes
recompenfe donc l'effet de la viteffe
qui les élude.

XV. Il ne faut pas moins d'effort,
pour faire avancer un bateau, dans
une eau tranquile de 3 mefures, par
ex, dans un temps determiné, que
pour retenir ce même bateau & empêcher qu'il ne foit entrainé, par u-
ne Eau courante qui fait auffi 3 Mefures égales de chemin, dans le même temps.

Obje-   Si la neceffité du premier effort a-
ction & voit pour fa caufe la réaction du re-
reponfe pos, il faudroit reconnoitre dans *l'I-
nertie* autant de force, que dans le
mouvement, ce qu'on n'oferoit dire,
& qu'i feroit facile à refuter.

D'ou vient donc cette égalité d'effets? l'Eau coule par un effet de fa
pe-

pesanteur, & par là son effort contre l'obstacle qu'on lui oppose, est é-
quivalent à la pression d'un poids determiné, On verifie cela par l'experience qui s'accorde dans une parfai-
exactitude avec le plus précis raisonnement, & la Theorie de la chûte
des Corps pesans.

l'Experience fait voir qu'on ne sçauroit faire avancer un batteau, sans
soûlever au moins tant soit peu, l'eau
qu'il deplace, & plus vite, on le
fait avancer, plus cette. Eau se soû-
leve, tout comme il arrive a une Eau
courante qui rencontrant un obstacle
s'élêve audessus de la surface du reste.

Qu'on partage en diverses couches
l'Eau tranquille, qu'un bateau doit
déplacer, si la premier couche s'éleve d'un pouce, la seconde ne s'ele-
vera pas moins, ni la 3e. non plus.

D'ans l'un des cas, il faut soûtenir le poids de l'Eau, si l'on veut
empêcher que le bateau ne soit entrainé, Dans l'autre il faut vaincre ce
même poids, & le soulever avec plus
ou moins de vitesse, suivant ce qu'on
en veut donner au bateau.

Or dés quil s'agit de soutenir, ou

L 4

de

de vaincre l'effort de la pefanteur &
d'en empêcher l'effet, on a à furmon-
ter un obftacle different de la fimple
Inertie.

Qu'on faffe confifter la nature de
la pefanteur en ce qu'on voudra ; fon
efficace, eft une efficace de mouvement & non *de fimple pareffe à fe mouvoir.* D'és que le corps pefant eft libre, il fe met en mouvement vers
un certain terme, & ceft par là qu'il
refifte à ce porter vers un terme oppofé.

PARTIE. V.

Des chocs obliques qui ne font pas
Contraires.

Expo-
fition
d'un
choc o-
blique.

Fig. 20.

LA Ligne *a b* joint les contres des
boules *C* & *D*, fur cette ligne je
tire la perpendiculaire *e f*, tangente
des deux cereles. Si la boule *C.* fe
mouvoit fuivant la direction *g h*, pa-
rellele a cette tangente, elle glifferoit
fur la boule *D*, fans la pouffer, &
fans y faire d'impreffion, au cas que
l'on

fon mouvemant fût bien droit, & quelles fuffent l'une & l'autre tres polies.

Si elle fe mouvoit fuivant la direction *a b*, elle choqueroit perpendiculairement la boule, *D*. Je fuppofe qu'elle fe meut fuivant la direction *K I*, ceft a dire que chaque partie de cette boule, decrit une ligne parallele à *K I*, & comme il y en a autant audeffons de *K I* qu'au deffus, cette ligne eft appellée l'axe de fon mouvement.

La boule *C*, en decrivant *K I*, & fes paralleles fe porte de *a* vers *L* & de *a* vers *m*, fon mouvement tient, de ces deux directions, Mais elle avance plus du côté de *L* que du côté de *m*, dans la proportion de *a L*, à *a m*, & par là il eft vifible que fon effort du côté de *L*, eft plus grand, que fon effort du côté de *m*.

Si donc on conçoit fon effort total *a i* compofé de deux parties qui foient entr'elles comme *a L* eft à *a m* & qu'on faffe *a L = P* & *a m = q* la maffe *C* multipliée par les viteffe p $+$ q, donnera *cp* $+$ *cq*, pour la quantité du mouvement de la boule *C*, & il eft incon-

L 5

te-

teſtable qu'il peut s'exprimer ainſi.

Entant qu'elle ſe porte vers m, elle ne heurte point la boule D, & ne fait ſur elle aucune impreſſion ; elle ne la ſrappe donc que ſuivant la viteſſe aL, & par la quantité cp.

1°. Cas.   II. $\frac{CP}{C\dagger D}$ ſera donc la viteſſe commune après le choc commune di je aux deux boules ſuivant la direction aLb, & $\frac{ccP}{c\dagger D}$ la quantité de mouvement qui reſtera a la boule c de ce côté là, & $\frac{Dcp}{c\dagger D}$ la quantité de mouvement que la boule D en recevra.

C'eſt tout comme ſi la boule C avec le mouvement CP ſeul avoit choqué la boule D, en repos.

2°. Cas.   III. Si la boule D s'etoit deja avancée ſuivant la direction alb; Mais d'un mouvement plus lent que celuy de la boule C, en ce ſens la, aprés avoir appelle ſa viteſſe r. On auroit les quantités de mouvement $Cp\dagger Dr$ qui diviſées par $C\dagger D$, maſſe commune auroient donne $\frac{Cp\dagger Dr}{C\dagger D}$ pour viteſſe commune après le choc, & cette vi-

viteſſe multipliée ſucceſſivement par
C, puis par D auroit donné la quantité de mouvement de chaque maſſe
après le choc.

La boule C au lieu de continuer,
ſur $a\,l$ un mouvement compoſé des
viteſſe $a\,L$ & $a\,m$, auroit parcouru
une ligne $a\,s$ diagonate d'un rectan-Fig. 19.
gle qui auroit en pour un de ſes côtés
$a\,m$, & pou. l'autre une ligne moindre que $a\,L$, dans la proportion que
$\dfrac{Cp + Dr}{C + D}$ eſt plus petit que p.

IV. Si le mouvement de la boule 3o. Cas.
D s'étoit fait ſuivant la direction com-
poſée, des deux $b\,u$, $b\,x$ & que la viteſſe ſuivant $b\,v$, eut été moindre que Fig. 20.
la viteſſe ſuivant $a\,L$ après avoir appellé cette viteſſe y, & avoir fait
$\dfrac{Cp + Dy}{C + D}$ pour la viteſſe commune a-
près le choc. On auroit en le mou-
vement de la boule D, dans une direction $b\,z$ compoſée de $b\,x$ & de $b\,y$
plus long que $b\,v$, dans la proportion
que la viteſſe $\dfrac{Cp + Dy}{C + D}$ eſt plus grande
que y.

L 6   PAR-

PARTIE VI.

Des chocs obliques & contraires.

1º. Cas. UNe boule *A* se meut suivant la
direction *c d*, & se porte de *c* du
côté de *e* & de *f* en même temps,
2º. Fig. l'effort, avec lequel elle se porte
3º. de *c* du côté de *f*, est égal a celuy avec
lequel la boule *B* se parte de *g* contre *c* suivant la direction de la ligne
ge qui joint les points de contact des
boules qu'on suppose Egales dans ce
premier cas.

Si les mouvemens opposés se detruisent, il ne restera a la boule *A* que la
force avec laquelle elle avancoit du
côté de *e*, & elle se mouvra sur *ce*,
ou sur une parallele à *ce*, après le choc,
lequel terminera tout a fait le mouvement de la boule *B*.

Mais dans l'autre hipothese *B* re-
broussera de *b*, vers *g*, avec la même vitesse qu'elle etoit venue du *g*
vers *b*.

L'effort de la boule *A* de *C* vers *F*,
se changera par reflection en un effort

fort égal de *c* vers I. ensorte que son
mouvement composé de la direction
ce qui persevere & de la nouvelle
ci ᵒ*cf* se fera sur l'oblique *ck* ecartée
de *ce* autant, que l'etoit *cd*, l'angle
de reflexion sera égal a l'angle d'incidence.

II. Si les boules *A* & *B*. étoient 2°. Cas.
inegales, & que les vitesses suivant
la direction desquelles elles se choquent fussent reciproques a leurs masses; dans chaque hypothese on tireroit les mêmes conclusions que l'on
vient detirer, chacune la siene.

III. Si le mouvement de *B* sui- 3°. Cas.
vant *gc* s'exprimoit par *m*†*n*, pendant que celuy de *A* s'exprimeroit,
par *m* seule; dans l'une des hipo-
theses *B* continueroit d'avancer avec
½*n*, & *A* rebrousseroit avec un mouvement composé de ½*n*, suivant la
direction *gc*, & du mouvement quelle avoit suivant *ce*.

Dans l'autre *B*. continueroit d'a-
vancer avec le mouvement *m*†½*n*, &
A rebrousseroit avec un mouvement
composé de *m*†½*n*, suivant la direction
gc, & de celuy quelle avoit suivant *ce*,
de sorteque l'oblique qu'elle decri-
L 7 voit.

roit, seroit plus eloigné de *ce*, que
ne l'etoit *cd*.

Si par exemple la vitesse de *B* vers
c est double de celle de *A* vers *g*, la
direction de *C* en *L*, sera $= \frac{1}{2}$ de *cf*.

40.Cas. Si les boules sont inégales & les
vitesses contraires égales, les quantités
de mouvement contraires seront proportionnelles aux Masses *A* & *B*, soit
B la plus grosse $= A + C$.

Dans l'une des hypotheses, la quantité de mouvement commune aux
deux boules après le choc sera *C* suivant la direction *gc* ; & la vitesse commune $\frac{C}{A+B}$ de mouvement
de *A* se trouvera composé de la continuation de celuy quil avoit suivant
la direction *C E*, & d'un nouveau de
c vers *I*. plus grand que *cf*, ou moindre
suivant l'excez de la boule *B*, par dessus la boule *A*, excés d'où depend la
quantité que *A* recoit après le choc.

Si la boule *A* avoit été la plus
grosse, dans cette même hypothese
B se seroit reflechie, *A* auroit continué de *c* vers *g*, conjointement a-
vec *B*. par un mouvement dont la
quantité commune auroit été *C* excés
de *A* sur *B* ; la boule *A* avoit aupa-

ravant $B\dagger C$. après le choc il ne luy reste qu'une partie de C; sa direction de c en g est donc diminuée, & son mouvement se trouvera composé de celuy qu'elle continuera d'avoir sur ce ou sur sa parallelle, & de celuy qui luy restera, sur une ligne moindre que cf, desorte que l'oblique qu'elle decrira s'eloignera moins de ce que ne faisoit cd.

Mais si les mouvemens contraires ne se détruisent pas; dans ce dernier cas la boule B rebrousse avec la vitesse qu'elle avoit, & la boule A la suit avec une vitesse égale il ne survient donc aucune alteration dans son mouvement.

Dans le cas precedent A rebrousse de c vers I, avec toute la vitesse qu'elle avoit de c vers f, B suit avec une vitesse egale. A se reflechit avec toute sa quantité & l'oblique qu'elle decrit fait avec ce une angle égal a l'angle ecd.

V. Si les masses & les vitesses sont inegales, en telle sorte que les quantites de mouvement le soyent. Dans l'une des hypotheses la quantité la plus petite du mouvement sur ge, ou cg

cg, (car les mouvemens ne sont contraires que dans celle direction) se perd
il s'en perd autant de la plus grande, &
ce qui reste pour cette direction se partage a proportion des masses, & de
la il arrive que l'oblique *cd*, s'approche de *ce*, si le mouvement de *c*
en *g* est diminue, on se change en u-
ne oblique, en de la de *ce*, si *A* rebrousse par ceque son mouvement de
c en *g* sera detruit & quelle en aura
receu un de *g* en *c*.

Mais si les mouvements contraires
ne se detruisent pas, il faut établir
d'autres regles.

Si *A*, a la moindre quantité elle
se reflechira avec sa quantité, & si sa
vitesse est la plus grande, *A* suivra la
direction *cg*, sans atteindre *B*, & sans
luy communiquer aucun mouve-
ment.

Mais si la vitesse de *B*, est moindre que celle de *A*. *A* communique-
ra à *B* de sa force suivant *cg*. Il avancera donc moins en ce sens, qu'il ne
faisoit, & l'oblique *cd* s'approchera
de *ce*.

Si la boule *B* est tout ensemble
celle qui a le plus de vitesse, non
seu-

seulement *A* reflechira de *c* vers *l* a-
vec toute la vitesse avec la qu'elle il
se portoit de *e* vers *gi*, mais de plus
il recevra un acroissement de forces de ce côté là, de sorte que *cl* sera plus longue que *cf*, & la nouvelle oblique s'ecartera plus de *ce*, en
montant que ne faisoit *cd* en descendant.

VI. On peut se donner le plaisir
de remarquer une infinité de preuves de ces chocs obliques dans les
petits corpuscules qu'on void nager
dans l'air d'une chambre obscure,
eclairée d'une colonne de rayons. Car
soit que leurs differentes determinations viennent immediatement de
leurs chocs mutuels, soit que ces petits corps suivent les courans de l'air,
où ils nagent, & qu'ils soient diver-
sement entrainés par les particules de
ce liquide qui les soutient, toûjours
la varieté inombrable de leurs determinations est-elle deüe, ou immediatement a leurs chocs, ou de plus aux
chocs des parties de l'air, on enfin à
ceux d'une matiere plus subtile encor, & dont les particules sont non
seulement plus petites, Mais outre
ce

Ces
specu-
lations
ne font
pas ina-
tiles.

cela plus solides que celles de l'air. Ces parties se heurtent en mille manieres, d'où il resulte une varieté inexprimable de changemens dans les vitesses & dans les determinations.

Il se trouve donc qu'on établit dans cette question les loix des chocs les plus frequens qui se fassent dans l'univers.

Des chocs doublement obliques. Fig. 21. VII. Lorsque deux boules A & B. se choquent au point c après avoir parcouru une la ligne dc, l'autre la ligne me, 1°. Je tire la ligne fg, qui joint leurs centres, & leur point de contact, 2°. Je vois que le mouvement de A est composé d'un effort suivant fh, & d'un autre suivant fi, 3°. le mouvements de B est de même composé de deux efforts proportionnels a gk, & gl 4°. il n'y a que les efforts proportionnels l'un a fh, l'autre a gk, qui soient contraires. Ce sont la les quantités qu'il faut comparer, pour decider sur la reflexion & sur le progrés de ces boules conformément aux regles qu'on vient d'établir.

PARTIE VIII.

Des chocs des Corps qui ne sont pas Spheriques.

Quoyque les differentes figures des corps semblent d'abord devoir varier à l'infini leurs chocs, & sur tout leurs chocs obliques, on peut cependant les reduire à un petit nombre de classes.

I. *J'appellerai*, *ligne de direction* du mouvement celle que décrit *le centre de pesanteur* d'un corps, en telle sorte que si on tire une ligne perpendiculaire a celle la, le plan qui sera commun a ces deux lignes, partagera la mobile en deux parties, dont l'une aura la même quantité de mouvement que l'autre.

II. Si une boule quelconque *B.* en choque une autre en telle sorte que la ligne de direction de son mouvement prolongée, traverse le point de contact, & dés là le centre de la boule *C*, les deux diamettres de ces bou-

boules se trouvant sur la même ligne droite, elles se choqueront directement.

Seconde. III. Mais, si le point de rencontre n'est pas dans la ligne de direction, le choc sera oblique.

La direction *ba* de la boule *B* ne se confond pas avec la direction *cd*, de la boule *C*, donc le choc de *C* est oblique sur *B*. quoique le choc de *B* soit direct sur *A* parceque la direction *ba*, de la boule *B* prolongée traversera le centre de *C*.

Des corps courbes & non Spheriques. IV. Quelque figure quon donne a des corps determines par des surfaces courbes, 1°. ces corps ont un centre de gravité 2°. on y peut concevoir un plan dans lequel se trouve la ligne de direction de leur mouvement, Et ce plan partagera ces corps en deux parties, dont chacune aura une égale quantité de mouvement, 3°. Ils ne se rencontreront les uns les autres, & ils ne rencontreront non plus des surfaces planes qu'en un seul point, 4°. Or ce point de rencontre sera l'extremité même de leur ligne de direction, on quelqu'autre point.

Ainsi

Ainsi l'obliquité & la direction de leurs chocs suivra les mêmes regles que celles que je viens d'indiquer par rapport aux corps spheriques.

On pourroit encore alleguer une autre raison par laquelle il paroit assez supperflu d'entrer dans le détail des chocs des corps terminés par des surfaces courbes & non Spheriques sur tout en supposant ces corps parfaitement solides. Je la proposerai, comme par parenteze ; On y fera l'attention qu'on voudra.

Afin que les petits corpuscules solides ou poreux, qui sont répandus autour de nous, qui nagent dans un liquide, & qui sont eux mêmes des parties de ce liquide, puissent constamment conserver leur figures, malgré cette varieté de mouvemens & de chocs, auxquels ils sont sans cesse exposes, conservation sans la quelle les parties elementaires se seroient il y a long temps changées, d'où il seroit encore arrivé que les mixtes ne seroient plus tels qu'autrefois, & changeroient toûjours plus; Pour conserver, di je, aux parties elementaires & a plus forte raison aux petites mole-
cu-

cules, leurs figures, il me paroit tout
a fait neceffaire, qu'il y ait ordinairement entr'elles, des parties tres mobiles, & tres polies, fur lesquelles
les autres gliffent aifément, & par là
ne foient pas continuellement expo-
fées a fe caffer, & a fe brifer entout
ou en partie. Des particules rondes
fons evidemment les plus propres
pour cet effet, par la facilité qu'elles
ont a tourner egalemeut entous fens.
Ce n'eft donc pas fans fondement,
qu'on en fuppofe en tres grand nombre, & par la raifon que je viens
d'alleguer le fecond Element de Descartes ne parroit prefque une neceffité, Mais je ne vois aucune raifon
qui oblige de fuppofer l'univers par
femé d'une infinité de petits corps
d'une courbure differente de la Sphe-
rique, Et voila pourquoy, il me paroit tres fuperflu d'en imaginer de toutes fortes de courbures, pour les fuivre dans leurs mouvemens, & les effets de leurs chocs.

Des corps termines par de furface plattes,

V. Dans les corps terminés par des
fur faces plattes, il faut concevoir de
même, *centre de gravité, ligne de di-*
rection &c.

Quand

Quand de tels corps se rencontrent, par l'extremité de leus angles, leurs chocs, ressemblent encor a ceux des corps spheriques & se fout suivant les mêmes regles, ces chocs sont directs, & à plomb, si les deux directions se trouvent, dans la même ligne.

Si les deux points de contact sont chacun a l'extremité de la direction, & si ces directions, font angle, le choc est oblique & ses effets suivent les mêmes regles que ceux des chocs des boules.

Si un corps vient à en rencontrer un autre, & le frappe par un de ses angles, & que la ligne de direction ne passe par cet angle la, le choc sera encore oblique. Ce mouvement oblique sera composé de deux autres, dont il y en aura un, suivant la direction duquel, le corps rencontré fera obstacle au Mobile, & en multipliant la vitesse du mobile, en ce sens, par sa masse, on aura la quantité du mouvement avec lequel, il tombe sur le rencontré, & le pousse.

En se rendant attentif aux principes, qu'on a posés sur les chocs obliques

ques des boules, & sur les consequences, qu'on en a tirees, on jugera si
le mobile, doit rebrousser, ou continuer a se mouvoir en avant, & qu'-
elle sera, dans l'un & l'autre cas, la
quantité de son mouvement & sa direction.

Des
Tour-
noye-
ment.
Fig. 24.

　　V I. Quand un corps tel que *bmac*,
dout la ligne de direction est *b d*, rencontre le corps *K*. & le frape en *o*,
par son angle *a*, si l'arrivée de *a* en
o est immediatement suivie du mouvement de *K*, suivant la direction
o n, ce n'est point une necessité que
le corps *b m a c*, tournoye, son mouvement sera composé de celuy de *b*
en *e*, comme au paravant & de celuy de *b* en *g* diminué, de sorte que
sa direction *b d* pourra être changée,
en une direction *b f*.

　　Mais si le corps *K* fait une resistance a arrester le mouvement *b g*, &
a empêcher la continuation du mouvement progressif de *b m a c*, alors
la partie *a b c*, à la face *a c* de la
quelle rien ne fait obstacle, continuera
a se mouvoir, & changera la determination qu'elle avoit en ligne droite,
& qu'elle ne peut conserver en une
de-

determination a circuler autour du point *a* Dês la ceft une neceffité que la determinations de la partie *a b m*, change auffi, il luy furvient une ef-pêfe de reflexion & de rebrouffe-ment circulaire, parcequ'elle cede a la force de l'autre *a b c*, qui a caufe de fa maffe, a une plus grande quan-tite de mouvement, la partie *a b c* ne change, pas autant fa determination que la partie *a m b*, puifqu'ellecontinuë à s'approcher du plan *E H*, au lieu que que l'autre partie *a m b*, s'en eloigne.

Au refte on difputera fi le mou-vement de la partie *bma* eft détruit & fi'elle en recoit un nouveau par le moyen de la force qui refte encore dans *abc.* ou fi fon mouvement fubfi-fté, & ne fait que changer de deter-mination.

Quand deux mobiles fe rencon-trent par leurs faces, & non pas par leurs angles, il fe peut que la même ligne ne joigne pas leurs directions, fans que pour cela leurs chocs ceffent de devoir paffer pour directs : Le mê-me effet a lieu, que s'ils étoient par-faitement à plomb.

Ce la arrive lors que les lignes de

M

di-

direction du mouvement de chaque mobile, paſſent par leurs faces, qui ſe touchent, car alors chaque mobile ne preſſe l'autre, que par une direction, & par la ſeule direction qu'il ait.

La ligne de direction *cd*, ne paſſe pas par le centre *e*, du mobile *B*. Mais du centre *e* ou peut tirer ſur la face *fg* une ligne *eh* parallele a la direction *cd*, & qui eſt elle même une ligne le long de la quelle le mobile *A* avance & pouſſe,

Lors que la ligne de direction *mn*, paſſe par une autre face, que celle du contact *bc* il doit ſe faire une tournoyement au cas que le corps *A* ſur lequel tombe un tel mobile ſoit retenu dans ſa ſituation; Car alors, le mobile poligone *B*, qui ſera tombé ſur luy roulera, le long de ſon plan horizontal, comme il feroit par ſon mouvement de peſanteur le long d'un plan incliné, car toutes les fois que la ligne de direction du mouvement paſſera le long d'un autre plan, que par celuy du contact, la partie que cette ligne traverſera, ayant plus de vigueur que l'autre, continuera à

s'aps'approcher du plan & determinera l'autre *cbpv*, a s'en aloigner.

Un mobile determiné une fois a tournoyer, perfevereroit t-il dans ce genre de mouvement, quand même la caufe qui l'auroit dabord fait naïtre, n'auroit plus de lieu?

Cela n'eft pas fans vrayfemblance. Il y à une variêté & un changement continuel de determinations dans un corps qui décrit une courbe; deforte que fi le corps *B*, à dêja tant foit peu tournoyé, dans le temps que fa face *be*, à été retenuë & empêchée d'avancer par le plan *fg*, chacune de fes parties fe trouve par la même determinée, a parcourir la tangente de l'arc, qu'elle vient de décrire. Au commencement du temps immediatement fuivant, ces determinations, peuvent n'eftre pas fans effet, & de leurs combinaifons réiterées peut refulter une continuation de Tournoyement.

VII. Qu'il me foit permis de le repeter. Il me paroit que pour bien juger des chocs des corps parfaitement durs, & des fuittes de ces chocs, il importe extrêmément de le détaire des idées aux-quelles les chocs, dont nous sommes sans cesse temoins, nous ont accontumé; car pour ce qui est des masses, qui nous environnent comme il n'y en a point qui ne soit poreuse, & dont les parties ne cedent au moins quelque peu : pendant que les mobiles, qui se choquent, employent une partie de leurs temps, & de leur mouvement a ployer les parties l'un de l'autre, le progrês total de leur masse est comme arresté, & il nous paroit suspendu, par ce qu'il est extrêmement retardé, cela donne lieu a des cas qui ne sçauroient arriver, dans le choc des corps sans pores, dout aucune partie ne cede, ne s'ebransle & ne tremousse separément, & des qu'à la fin d'un temps deux tels mobiles se sont rencontrés, c'est une necessité que sans aucun intervale, au commencement ptécis du temps suivant, ces mobiles avancent, ou rebroussent, s'ils doivent avancer ou rebrousser.

VIII. On auroit pû, par des divisions & des subdivisions & sur tout par des *dicotomies*, multiplier davantage les cas. Mais souvent ces cas n'ont

'Avertissement.

n'ont qu'une diverſité apparente, &
ſe trouuent, dans le fonds, les mêmes conſequences d'un même Principe, il me paroiſt que la meilleure
methode, eſt celle qui s'aſſuietit le
plus à la nature des choſes que l'on
traite, & c'eſt pour ne pas les perdre
trop de vue, que je ne me ſuis pas
étudie àdonner d'autres formules que
celles, qu'on a veües; celles qui renferment un tres grand nombre de cas
ſous les mêmes expreſſions, n'ont
ſouvent qu'une beauté apparente, elles ne preſentent rien de diſtinct, &
ce n'eſt qu'en les changeant en d'autres, & en les multipliant qu'on voit
clair, dans les choſes mêmes.

PARTIE VIII.

Nouvelles reflexions ſur les Chocs Obliques.

On pourroit propoſer ceproblême   Pro-
   Deux maſſes ſont donnéés leur poſiti- blême.
on léſt auſſi, on a encore tracé la rou-
te, que l'une doit prendre, & on a en- Fig.27.
M 3   *fin*

fin determiné la viteſſe avec laquelle
on ſouhaitte qu'elle ſe meuve apres le
choc. Il s'agit d'aſſigner la route de la
ſeconde, qui doit mettre en mouvement
la premiere, & la viteſſe avec la quelle, elle doit parcourir ſa route avant le
choc.

D'abord je ſuppoſe les deux Maſſes égales: Laboule *B.* doit parcourir aprés le choc *BC*, dans une minute, ou dans un temps determiné,
que jappellerai *T*. Je tire laligne *CD*,
& du centre de la boule *D* j'abaiſſe
la perpendiculaire *DE*.

Du même centre je tire l'hypothe-
nuſe *DF*, en cette ſorte que *FB* egale les deux demi diametres.

Il eſt évident que la boule *D*, a-
pres avoir parcouru *DF*, pouſſera la
boule *B*, ſuivant la même direction
que ſi, elle avoit parcouru *EF*.

Suppoſons que *EF*, ſoit le tiers
de *BC*.

La boule *D*, feroit parcourir *BC*
à la boule *B.* dans *un* temps, ſi elle
avoit auſſi parcouru dans *un* temps,
ſur la direction *EF*, une ligne double de *BC*, & parconſequent ſi elle
avoit parcouru $EF = \frac{1}{3} BC$, dans
$\frac{1}{6}$ de Temps. Mais

Mais pour cela, il faudroit que le mouvement imprimé à la boule *B.* fut capable de luy faire aussi parcourir dans $\frac{5}{6}$ de *T*, la ligne *DE.*

Il s'agit de decider en combien de temps les deux impulsions feront parcourir la ligne *DF.*

Supposons *DE* de 3 mesures, & *EF* de 4, *DF* sera de 5.

Le Mouvement imprimé a la boule *D*, est capable deluy baire parcourir dans $\frac{5}{6}$ de *T.* la Valeur de *DE* $+$ *EF*, parconsequent 7 mesures. Dans combiénde temps, ces deux impulsions réünies Feront elles parcourir la ligne *DF* de 5? on trouvera $\frac{5}{42}$.

En Effet si la boule *D*, avoit parcouru *GF* de 7. mesures, cest adire avec une vitesse de 7 digrés, dans $\frac{5}{6}$ de *T.* elle pousseroit la boule *B*, non suivant toute saforce de 7 degrès, Mais suivant une portion de cette forte, qui seroit a celle qui n'agit point sur *B*, comme 4, este a 3, or si elle avoit parcouru *EF* dans $\frac{5}{6}$ de *T*, ou $\frac{7}{42}$. elle décriroit *DF*, Dans $\frac{5}{42}$.

Il est aisé d'Etablir la formule generale.

J'appelle la vitesse dela boule *B*,

après

après le choc H. la vitesse commune sera donc H, & la quantité de mouvement $DH \dagger BH$.

Et puis qu'elle etoit deja telle, avant le choc, la vitesse de la boule D, devoit être $\dfrac{DH \dagger BH}{D} = H \dagger \dfrac{BH}{D}$. c'est la vitesse en vertu de la quelle, elle pousse la boule B.

Telle est la vitesse avec la quelle elle auroit dû se mouvoir, pendant la durée de iT. sur la direction EF. Par consequent.

Comme H. est a $H \dagger \dfrac{BH}{D}$, ainsi BC est alalongueur delaligne que la boule D auroit parcouru en iT.

On a donc pour cette ligne $H \times BC. \dagger \dfrac{BH \times BC}{D}$ dinisé par H, c'est adire $\dfrac{H \times BC}{H} \dagger \dfrac{BH \times BC}{HD} = BC \dagger \dfrac{B \times BC}{D}$

Appellons la ligne Bc, L, nous aurons $L \dagger \dfrac{BL}{D}$, pour lalongueur à parcourir, dans iT.

Or

Or Comme $L \dagger \dfrac{BL}{D}$ eſt a EF ::

Ainſi iT, eſt a la portion de temps que le même mobile employe a parcourir EF.

Appellons EF. M. on aura pour cette partion de iT $\dfrac{TM}{\dfrac{L \dagger BL}{D}}$

Quon appelle DE. N.

Pour avir *le temps* pendant lequel, ſe parcourera $DF = VMM \dagger NN$. on fera.

$$M \dagger N \quad VMm \dagger NN :: \quad \dfrac{MT}{\dfrac{L \dagger BL}{D}}$$

a quoy?

$$M \dagger N. \quad VMM \dagger NN :: \quad \dfrac{MT}{\dfrac{L \dagger BL}{D}}$$

$$\dfrac{MT}{\dfrac{L \dagger BL}{D}} \times \dfrac{VMM \dagger NN.}{M \dagger N.}$$

Si $D = B.$ $M = 4.$ $N = 3.$ on aura $MT = 4T.$ $L \dagger \dfrac{BL}{D} = L \dagger L.$

$$= 2L. \ \& \ \dfrac{MT}{\dfrac{L \dagger BL}{D}} \times \dfrac{VMM \dagger NN.}{M \dagger N}$$

M ſ. 4 ſ.

$$\frac{4T}{2L} + \frac{\sqrt{16+9}}{4+3} = \frac{4T}{2L} \times \frac{5}{7} = \frac{20T}{14L}$$

Et en supposant comme on à fait $EF = M = \frac{1}{3} Bc = \frac{1}{3} L$. on aura $L = 3M$. & $2L = 6M$. On aura donc

$$\frac{20T}{2L \times 7} = \frac{20T}{42M} = \frac{10T}{21M}$$

$$\frac{10T}{84} = \frac{5}{42} T.$$

Comme on avoit trouvé, avant que établir la formule generale.

On trouvera peuteftre que jay mis trop de facon a la folution de ce problème, & quil fuffifoit dedire, Defque la raifon de *EF* à *Bc* eft conüe on fcait dans quelle portion de temps *ET* doit fe parcourir avec une viteffe qui feroit parcourir *Bc* dans un temps donné.

La raifon des 2 boules *D* & *B* étant encore donnéé, on connoit avec quelle viteffe *EF* devroit fe parcourir avant le *choc*, affin que la viteffe commune a *D* & à *B*. après le choc fit parcourir *Bc*.

De la on conclud que *DT*. deuroit fe parcourir dans cette même portion de temps, que EF deuroit fe decrire pour produire l'Effet re-
quis

quis ; & on conçoit que deux impulfions. dont l'une feroit capable de faire parcourir *DE*. & láutre *DK* = *EF*,
dans le même temps, feroient parcourir precifêment a la boule *D* la
ligne *DF*. dans ce temps la.

On ne fcauroit difconvenir que la
boule *D* pour fraper lá boule *B*, avec
une force capable de lui faire parcourir *Bc* dans *I* temps, ne doive fe mouvoir fur *DF*, avec une telle vigueur,
que la boule, *B* en foit auffi vive-
ment frappéé, qu'elle le feroit par
une boule égale à *D* que auroit parcouru *EF*, d'une viteffe fuffifante
pour entrainer la boule *B*, & avoir
avec elle une viteffe commune capable de faire parcourir *Bc*, dans *i T*.

On convient encore qu'une boule
D, après avoir parcouru *DF*, pouffe
la boule *B* de *B* vers *C*, avec une
vigueur qui feroit à celle avec laquelle. elle auroit pouffé une boule
g vers *Z* comme la longueur *EF*,
eft a la longueur *DE*.

Mais on peut encore demander,
Une boule *D*, apres avoir parcouru
DF, dans une minutte frappe t-elle
la boule *B*, Et la pouffe-t-elle de *B*
M. 6

vers *C*, & en même temps la boule *g*, de *g* vers *Z*, avec autant de vigueur que la boule *B* le feroit par une boule $X = D$ qui auroit parcouru *EF* dans le même temps d'une minute, & que la boule $V = B$ le Seroit encore par une boule *S* égale

Fig. 28. a *D*, qui auroit parcouru *DE* dans une minute?

Et voicy cequi donne lien a cette demande, les boule *D*, *X*, & *S* étant égales, on les doit defigner, chacune par *i*. Or la maffe *i*. multiplié par la viteffe *EF*† la viteffe *DE* donne une quantité de mouvement, plus grande que la même maffe multiplicé par la viteffe *DF*, qui eft la racine quarrée de EF† DE, & il femble que des mobiles égaux avec des quantités de mouvemenr in égales ne doivent pas produire des effets égaux.

J'ai donc raifonné fur un cas, qu'on n'a peuteftre pas encore aflez approfondi, & dont il me femble quon n'a pas encore aflez éxaminé toutes les difficultés.

J'en uferai fur cette Queftion, comme j'ai fait fur l'une des précedentes.

Je

Je ne prendrai pas de parti , & je me bornerai a propofer des difficultés fur lefquelles, je ne trouve pas qu'on ait encore affez fait d'attention. Cette methode me paroit la plus propre, pour avancer la phyfique ; on examine, & on confere avec beaucoup plus detranquilité, & parconfequent avec moins de prévention & plus de fucces, quand on fe contente de comparer lés differentes hypothefes, fans fe determiner pour l'une, préferablement a l'autre.

II. Je fuppofe que la boule Solide *A*, apres avoir parcouru dans une minute la ligne *AB*, que je divife en 10 parties égales, rencontre a plomb la boule *B* en repos & d'egale groffeur. On convient qu'apres le choc, elles parcoureront, dans une minute la ligne *BC*, de 5 parties & par la, la boule *B* aura receu 5 degrez de mouvement.

Mais fi au lieu de cela, on fuppofe que la boule *A* ait rencontre la boule *D* obliquement, & l'ait frapée fuivant la direction *DE* qu'arriverat'il ?

Jufques ici on a concen que la boule *A* poufcroit la boule *D*, avec une

M 7   for-

force egale à celle, avec la quelle elle auroit pouffé la boule *F* aprés avoir
parcouru le côté *AF* de 8 parties, de
foit que la boule *D* avanceroit fur
DE, avec 4 degrés dé mouvement.

Par la même raifon une boule *H*
avanceroit, fur *Hg*, avec 3 degres
& dans un temps, parcoureroit une
ligne $= \frac{1}{2} AK$.

Et fi la boule *A* rencontroit en
même temps les deux *D* & *H*, elle
imprimiroit dans l'une 4 degres, &
l'autre 3 puis qu'elle âgiroit fur l'une
avec une force, dont *AF*, (longue de 8
parties) & fur l'autre avoc une force
dont *KH* (longue de 6 parties) feroient les mefures.

Difficulté.

III. Cela étant la boule *A* qui
n'imprime que 5 degrés a la boule *B*,
qu'elle frappe a plomb, en imprime-
roit 7 aux deux *D* & *H*, qu'elle ne
frappe qu'obliquement.

Et comme elle n'imprime fur *D*,
que la moitie de la force, avec la
quelle. élle fe portoit de *K* vers *A*,
aprés le choc, il luy refteroit de forces
quatre mefures d'un côté, & Trois de
l'autre, forces qui jointes enfemble,
metroient cette boule *A* en état de
faire

faire fur la direction commencée, au moins cinq mefures, (dans l'hypothe-fe, dont jexpofe les inconveniens) c'eft a dire de faire un chemin qui porteroit le caractere de 5 degrés de mouvement, elle en auroit donné 7; il luy en refteroit 5; elle n'en a-voit que 10,

Aprés les chocs il y auroit deux de-grés de mouvement de plus, qu'a-vant les chocs, & parconfequent deux degrés de plus, que fi le choc avoit été direct, au lieu d'étre oblique.

Si la boule *A* rencontre deux au-tre boules auffi obliquement, que dans le cas, qu'on vient d'expliquer le mouvement qui fur 10 degrés, s'etoit augmenté de 2, fur 5 s'aug-mentera de 1.

D'un autre côté les boules *D*, & *H* pourront chacune en rencontrer deux autre avec une femblable obli-quité, Nouvelle caufe a multiplier le mouvement, qui par là croîtroit a l'infini, parceque les chocs obli-ques font plus frequens que les chocs, qui fe font directement & a plomb.

Cette augmentation de mouvement pourroit aller, tout autrement loin, ſi les boules étoient a reſſort.

Quand la boule *A* auroit heurté a plomb une boule *B*, double en maſſe, de 10 degrés, elle luy en auroit donné 6†½, Eſt'il concevable qu'elle en donne plus aux deux *D* & *H*, dont chacune lui eſt égale, & qu'elle ne frappe chacune qu'obliquement? N'eſt il pas plus conforme, a la raiſon de penſer, qu'elle leur en donnera moins?

Pour repandre du jour ſur ces difficultés, il faut ſeparer avec un grand ſoin le certain d'avec cequi ne l'eſt pas également.

Principes.
IV. La direction de la ligne, qu'un mobile parcourt dépend de la direction du choc, qui là mis en mouvement.

La longueur de la ligne pàrcouruë, dans un temps determiné dépend de la viteſſe du mobile, & elle eſt proportionnée a la quantité de ſon mouvement, parceque quand il n'y à qu'un ſeul mobile, ou que l'on compare les uns avec les autres, pluſieurs mobiles égaux, les mêmes nombres qui expriment leurs viteſſes, expriment auſſi leurs quantités de mouvement.

Un

Un Corps eſt mis en mouvement, on par l'impulſion d'un ſeul mobile, on par celle de pluſieurs.

Par conſequent la direction d'un mobile, eſt l'effet, on d'une ſeule direction, ou de pluſieurs qui agiſſent en même temps ſur luy.

Tout ce qui exiſte, *Subſtance*, *Mode*, *Relation*, *Quantité* de mouvement, *Determination*, Tout ce disje qui ce commencé d'exiſter, eſt, par la même, determiné à continuer, & toute *maniere d'eſtre*, de la quelle des oppoſitions ne rendront pas la continuation impoſſible, perſeverera à exiſter.

V. Un mobile A pouſſé de A vers K, par une direction LA, decrira premierement AK. puis il continuera à ſe mouvoir ſur AK, prolongée.

De même le mobile A pouſſé de A vers F, decrit premierement AF.

Si le mouvement imprimé ſur le mobile A par la puiſſance L, étoit ſi eſſentiellement lié, avec ſa direction AK, qu'il fût impoſſible que l'une de ces manieres d'eſtre ſubſiſtat ſans l'autre, s'il y avoit encore la même Liaiſon entre le mouvement imprimé,

par

Premieres conſequences Fig. 30.

par la puiſſance *M*, & la direction
AF, comme il eſt impoſſible que le
Mobile *A* ſe porte tout a la fois, ſur
chacune de ces lignes, il faudroit neceſſairement ou quil s'arreſtat en *A*
par la ceſſation entiere de ces deux
mouvements, on qu'il ſuivit ſur une
de ces lignes, la direction d'un ſeul,
pendant que l'autre ſeroit entierement détruit.

Si les deux impreſſions des puiſſances *L* & *M*, étoient preciſément d'e-
gale force, & ſi le mouvement imprimé par *L*, ne pouvoit ſubſiſter
que ſur la direction *AK*, & le mouvement imprimé par *M*, ne pouvoit
non plus ſubſiſter que ſur la direction *AF*, il eſt viſeble que dans ce cas,
l'un & lautre demeureroent ſans
effet.

Mais ſi le mouvement imprimé par
la pruiſſance *m*, étoit le plus vigoureux; le mouvement ſur *AK*, ne
ſubſiſteroit point, & il ne s'en feroit qu'un ſur *AF*, dont la viteſſe ſe
meſureroit par l'excez de *AF*, ſur
AK, au cas que *AF*, *AK*, ſetrou-
vaſſent propres à deſigner le rapport
des deux chocs.

VI. Mais

VI. Mais puisque cela n'arrive pas ainsi, c'est une seconde preuve, que l'Existence de la quantité du mouvement n'est pas tellement liéé, avec celle d'une singuliere *determination* que l'une de ces *relations*, ou l'un de ces *modes*, ne puisse subsister sans l'autre, ou que l'Une ne puisse cesser, sans que l'autre cesse. Et en Effet, puisque autre est dans un Corps, se mouvoir ou *appliquer successivement* sa surface, *autre*, se *porter* precisément vers on cerfain *point*, il ne sensuit pas que si la *seconde* de ces *manieres d'estre* cesse, *la premiere* doive cesser par la même.

Supposons *AF* scituée dans la direction d'un Meridien & que *F*, soit du côté du Septentrion, il paroit que la puissance *M* en poussant dans la direction *MA*, fait trois choses en même temps, 1°. Elle donne au mobile A une cerfaine quantité de mouvement, c'est a dire, elle le met en état de parcourir dans un temps determiné, une certaine longueur, 2°. Elle le determine a se mouvoir fur *AF*. 3°. elle le determine a devenir de moment en moment plus septentrional.   La

La puiſſance *L* produit auſſi trois effets proportionnels , ſur le mobile *A*, dont le 3ᵉ. eſt de le determiner à devenir de moment en moment plus oriental :

Il eſt manifeſte que le ſecond des Effets de la puiſſance *M* ſur le Mobile *A*, ne peut ſubſiſter avec le ſecond des effets de la puiſſance *L*, ſur le même mobile Mais il n'y apas de contrarieté entre les deux autres, & il eſt tout évident , que chacun des 3ᵉ. peut ſubſiſter puiſque le mobile *A* peut devenir en même tems plus ſeptentrional, & plus oriental, il gardera donc ces deux relations, & ces deux manieres d'être, il ne les gardera pas ſur les lignes *AF* & *AK*. Car cela eſt impoſſible, Mais il les gardera ſur une troiſiême : Il s'agit de la décrire.

VII. Si le mobile A eſt pouſſé avec des forces égales , du coté du Jeptentrion, & du coté d'Orient il eſt manifeſte qu'autant qu'il deviendra plus ſeptentrional, autant deviendra t'il auſſi plus oriental, Parconſequent il deura décrire une ligne dont Troi- quent il deura décrire une ligne dont ſieme, chaque point ne ſoit pas moins oriental

tal que septentrional par dessus le
précedent.

Qu'on fasse rencontrer à angle droit
les lignes égales, *AK* & *AF*, dont
AF, marquera le direction du Meridien, du midy au sepsentrion, Qu'on
achêve le quarré *KAHF*, qu'elle
que soit la longueur des Côtez *AK*,
AE, n'importe la diagonale AH
marquera également la route du mobile *A*.

Mais si la quantité qui pousse vers
le septentrion agit avec plus de force, que celle qui pousse vers l'orient.

Qu'on fasse les deux côtés *AK*,
AK, inégaux, Mais en conservant
dans leurs differentes longueurs, la
raison de la force *m* a la force *L.* &
qu'on acheue le parallelograme *KA*
FH. sa Diagonale *AH*, marquera encore la route du mobile *A*, car la raison suivant la quelle chacun despoints
de cette Diagonale, s'avance plus
vers le sepsentrion, que vers l'orient,
c'est precisêment la raison de la force
m, à la Force *L* Qu'on fasse les côtés
AF — *AK* fort grands, ou fort petits, cela est indifferent car pourvû
que leurs longueurs soient entrelles
sui-

fuivant la raifon de *M* a *L*, la Diagonale fur la quelle fe fait le chemin
du Mobile *A*, gardera toujours la
même pofition. De forte que le raifonnement par le quel on determine
la route que fuivra un Mobile A,
pouffé par deux forces *M* & *L*, a
toujours la même evidence, & marque toujours également cette route,
quelque longueur qu'on donne aux
Côtez *AF* & *AK*, pourvû que ces
longueurs foient toujours proportion-
neles aux forces *M* & *L*.

De la preuve qui démontre précifément cette route, de cette preuve,
Dis je, ainfi tournéé, on ne peut
rien inferer qui determine la longueur
de cette route, le raifonnement qu'on
vient de lire prouve bien que le progrez du mobile fe fera fur la Diagonale : Mais il ne decide point fi elle fera
décrite toute entiere dans un temps
donné on s'il ne s'en decrira qu'une
partie, on fi enfin le Mobile la continuera en fortant du Parallelograme.

Quand donc un mobile *A* eft pouffé par deux chocs, 1°. on fait con-
courir a la pointe d'un angle, les
di-

directions de ces deux chocs, 2°. on
determine la longueur de chaque jambe, fuinant le rapport qui fe trouve
entre la force de ces deux chocs,
3°. on achéue le parallellograme dont
les deux côtés font donnés. 4°. En
traçant la Diagonale de ce parallellograme, on trace la direction qui
refulte de ces deux chocs. Tout
cela eft demontré depuis longtems,
& hors de conteftation.

Il refte a fcavoir fi cette Diagonale eft auffi la mefure précife de la
quantité du mouvement imprimépar
les deux chocs fur un mobile A,
c'eft adire, il fagit de fcavoir fi au
cas que le mobile A cedant au choc
L feul, eut decrit AK pendant le
temps d'une minute, & que, cedant
au choc M feul, il eut decrit AF
auffi pendant le temps d'une minute,
il doit luy arriver (au cas quil foit
pouffé en même temps par les deux
chocs) de décrire dans cet efpace d'u-
ne minute AH feulement, ou AH
prolongéé, jufques a ce quelle foit
$= AF \dagger AK$.

VIII. Quand le mobile A après On
avoir parcouru AB. rencontre la bou conti-
le nue en-

core a
feparer
le cer-
tain
d'avec
cequi
ne l'eſt
pas é-
gale
ment.
Fig 3t.

le *D* ſituée dans la direction *KDE*
preciſêment parallele à *AF*, & qui
va du midy au ſeptentrion, il n'eſt
point neceſſaire que ce mobile *A* pour
continuer ſa route, pouſſe la boule
D ſuivant ſa direction *DN*, il ſuffit
qu'il la faſſe avancer ſuivant la direction *DE*, & qu'il la chaſſe préciſément vers le ſeptentrion, puis qu'elle ne l'arreſte & ne luy fait obſtacle
qu'en ce ſens, Par cette même raiſon le même mobile *A* ne pouſſera la
boule *H*, que ſuivant *Hg*, vers l'o-
rient.

Puiſque le mobile *A* ſeporte vers
le ſeptentrion, il à la force de pouſſer vers ce terme la, cequi luy eſt
oppoſé en ce ſens. De même puiſ-
qu'il ſe porté d'occident en orient il
pouſſe auſſi vers l'orient cequi fait
obſtacle a ſon progrês, de ce côté
là. Ainſi les directions des boules
D & *H*, ſont bien determinées par
les lignes *DE*, *HG*, paralleles aux
côtéz du parallelogrance *AK*, *AF*,
mais il ne ſuit pas de là que ces mêmes côtés ſoient la juſte meſure des
forces avec les quelles le mobile *A*
pouſſe les boules *D* & *H*.

A

A La verité les, forces avec les quelles le mobile A pousse *D* & *H*, iant entr'elles comme les Côtés *AK* & *AF*, parcequil pousse *D* plus fortement que *H*, àproportion que son mouvement vers le septentrion est plus vigoureux, que son mouvement vers l'orient.

Mais il s'agit de determiner, non le rapport de ces deux mouvemens, qui peut d'emeurer le même, quoique leurs deux quantités varient, Mais la quantité précise de chacun.

IX. Dans ce dessein, Voici une reflexion qui se presente naturellement ; Par l'impulsion *L*, la boule *A* est determinée a devenir plus septentrionale de 4 mesures. Par l'impulsion, *M* elle est determineé a devenir plus orientale de 3, & cela dans une minute. Or si elle décrit précisément la diagonale *AH*, dans ce temps la au bout d'une minute, elle se trouvera plus septentrionale de 4 mesures, & plus Orientale de 3, donc la diagonale *AH* marque précisêment la longueur du chemin qu'elle fera dans une minute, en vertu de ces deux impulsions.

N   Ce

Essay pour determiner la quantite des mouvemens.

Ce raisonnement ne mauque pas de vraisemblance & il ne faut pas s'etonner qu'on s'y soit rendu. Mais en voicy un tout semblable qui amêne à une autre conclusion. Par l'impulsion L, la boule A est determinéé, à faire 4 mesures de chemin ; Par l'impulsion M, elle est determinéé a en faire 3. Donc par l'union des deux, elle est determinéé a èn faire *sept*, & par consequent a parcourir dans une minute une ligne plus longue que la Diagonale AH.

Si l'on dit. Mais en ce cas, elle deviendroit plus septentrionale, & plus orientale. On répondra que dans l'autre, elle ne feroit pas un progrés qui égalât 4†3 mesures. Ainsi il faut de toute necessité que la réunion des deux chocs, & des deux forces impriméés par ces chocs ; soit suivie de changement, non seulement parceque le mouvement sefera sur la Diagonale. aulieu desc faire sur les Côtés; Mais deplus parceque, ou les progrés tant du côté du septentrion que du Côté de l'orient, feront augmentés, ou que la quantite du mouvement sera en partie
dé-

détruite. Il s'agit préſentement de chercher, & de démontrer lequel de ces deux changements eſt le plus vraiſemblable.

Voici ce qu'on peut dire en faueur du chaugement qui ſurvient aux determinations, & les augmente, préferablement au changement qui ſurviendroit a la quantité, & qui la diminueroit ; C'eſt qu'un mobile n'a qu'une quantité de mouvement, au lieu qu'il s'eloigne en même temps, & qu'il s'approche d'un tres grand nombre de termes, deſorte que ſi on vouloit deſigner ſa quantité de mouvement, par des lignes tirées, depuis les termes, dont il s'eloigne, juſqu'a ceux dont il ſapproche, dans un temps determiné, cela iroit à l'infini, quoyque ſa quantité de mouvement fut unique, & non multiple.

Si l'on prend ce dernier parti, on ſe trouvce bientôt embaraſſé d'une difficulté nouvelle, car aprês avoir poſé que le mobile *A* décrit dans une minute, la Diagonale *AH*, de 10 meſures, & lui avoir par là recônu 10 degrés de mouvement, on pretend qu'il choquera la boule *D*

avec

avec une force de 8 , & la boule H avec une force de 6. parceque fur *AK* feule , il auroit eu 8 degrés, & fur *AF* feule 6.

Je Vais Examiner Ce Cas.

Fig.31.   Une feule puiffance *P* a pouffé la boule *A* fuivant la direction *AB*. & lui a imprimé 10 degrés de mouvement en vertu desquels elle a parcouru, dans une minute *AK*, de 10 mefures, & elle eft prefte a parcourir dans un temps égal *AB* auffi de 10 mefures égales.

Les lignes *AB*, *AF*, *AK*, font entr'elles Comme 10. 8. & 6. fi donc le mobile *A*, aprês être parvenu en *B* dans une minute, pouffoit la boule *D* comme s'il avoit parcouru, dans une minute, une longueur *AF*, & la boule *H* comme s'il avoit parcouru une longueur *AK*, il fraperoit l'une avec une force de 8, & lautre avec une force de 6. & cependant il n'en à que 10.

Ne feroit il point plus naturel de conclure, que le mobile *A* agit fur la boule *D*, avec 5 degrês † ½ defon
mou-

mouvement, & fur la boule *H*, a-
vec 4 degrés ⁷⁄₁ Par là il fe trouve
qu'il agit fur les deux avec toute l'e-
tendüe, de fes forces, & que fon
action fur chacune eft proportionnéé
à la quantité des deux progrés, qu'il
fait l'un vers la feptentrion, l'autre
vers l'orient.

On feroit donc. $8 + 6 \begin{cases} 8 \\ 6 \end{cases} :: 10.$

$5 + \frac{5}{7}$ & en General on auroit.
$4 + \frac{2}{7}$

$\dfrac{AB + AF}{AF + AK}$ pour mefure d'une des

actions, & $\dfrac{AB + AK}{AF + AK}$ pour la mefure

de l'autre.

Si les mobiles font égaux, & parfaitement durs, la moitié de la premiere de ce quantités, marqueroit le
chemin de la boule *D* ; dans une
minute & la moitié de la feconde
marqueroit la longueur du chemin
de la boule *H* dans le même temps.

Je fuppofe que le corps *d*, dont le
centre de gravité eft dans la ligne
a e, eft de même poids que les boules *a.b.c.* fi *a* ne rencontre que *d*,
Ils s'avanceront enfemble fuivant la

Fig. 33.

N 3   di-

direction *a e*. avec la moitié de la viteſſe, que *a* avoit avant le choc.

Si *a* pouſſe les boules *b* & *c*, avant
que de rencontrer *d*. *a* & *d*, s'avanceront aprês ce choc, avec la moitié
de la viteſſe qui reſtoit au mobile *a*,
apres avoir pouſſé *b* & *c*.

Et ſi le mobile *a* ne pouſſe *b* & *c*,
qu'apres avoir donné la moitié de ſa
viteſſe à *d*. *b* & *c*. ne s'avanceront a-
près ce choc, qu'avec la moitié de la
viteſſe qu'elles auroient receu, ſi le
mobile les avoit frappéés avant que
de pouſſer *d*.

Le choc de *b* & de *c* retrauche de
la viteſſe de *d*, & reciproquement le
choc de *d*, retranche des viteſſes de
b & de *c*. Quelles ſeroeint les vitef-
ſes de ces trois corps s'ils ſont pouſ-
ſés en même temps par le ſeul, &
même mobile *a*?

Pendant que *a* conjointément avec
d parcourt ſur la continuation de *fa*,
une longueur ═══ *fa*, & que j'appellerai f. les mobiles *b* & *c* parcourent ſur la continuation des Cotez
g a, *b a*, les longueurs *m* & *n*.

Avec le mouvement en vertu du
quel *a* avoit parcouru *fa* dans, i T
il

il ſe parcourt $m + n + f$: la viteſſe eſt
dont ralentie, & le temps alongé à
proportion. Donc. f. $m + n + 2f$ ::
iT. $m + n + 2f \times T$. diviſé par f.

Sans la rencontre de d, le temps
pendant lequel $m + n + f$, ſe ſeroient
parcourües, par les 3 mobiles égaux
$a.b.c.$ auroit eté $\dfrac{m + n + f}{f}$

La Viteſſe en ce cas, auroit eté a
celle qui a lieu, lorſque les 4 mobi-
$a b, c, d$ ſe meuvent en même temps,
en raiſon inverſe des temps, c'eſt a-
dire comme $\dfrac{m + n + 2f}{f}$ eſt à $\dfrac{m + n + f}{f}$
ou comme $m + n + 2f$ eſt a $m + n + f$.

Cette formule eſt également applicable atoutes les hypotbeſes.

X. Quand on dit, une puiſſance
P, qui pouſſe le mobile A, de A en
D, produit le même effet que pro
duiroient les puiſſances L & M, en
donnant, l'une, de A en K, 6 degrês de mouvcment, & l'autre ſe A
en F, 8.

On peut repondre que ceſt cela
même qui eſt en queſtion. Le même
effet aura bien lieu, dans l'un &
dans l'autre de ces cas, par rapport

a la

a la direction sur la même ligne *AB*. Mais il sagit de scavoir, s'il sera absolument le même, par rapport a la quantité de mouvement ; Car de deux choses l'une, ou il ne se perd rien de ces deux chocs imprimés sur *A*, dont l'un, lui seroit d'ecrire *AF*, & l'autre *AK*, dans une minute, ou il s'en perd quelque chose.

Si le mobile *A* part, de *A* vers *D*, avec ces deux impressions toutes entieres, & parconsequent avec 14 degrés de mouvement, il devra, dans le temps d'une minute, parcourir 14 mesures, cest à dire, parcourir la Diagonale, prolongée jusques, a ce quelle soit égale, a ses deux Côtés.

Mais si l'on prétend que les deux chocs, sont d'accord en un sens, & opposés en un autre, & que par là il s'en perde quelque chose, il faudra tomber d'accord, que ce qui se perd, est perdu, parconsequent ne se retrouve point, dês qu'il s'agit de pousser les boules *D*, & *H*.

Si des deux impressions qui montoient a 14 degrês, il n'en reste que
10,

10, L'action totale du mobile *A* sur
les boules *D* & *H*, ne se peut faire
qu'avec ces 10: Il n'agit donc pas
avec 8 sur l'une, & 6 sur lautre.

Je le repete donc. Si l'on veut que
quelque chose se perde, il ne faut
pas faire retrouver a la fin du chemin
A D, ce qu'on a supposé évanouï,
dés le commencement & si l'on
veut que les actions des puissances *L*
& M, passent toutes entieres sur *A*,
& qu'il ne se perde quoyque ce soit
de ce que chacune lui auroit imprime separément, pour raisonner con-
sequemment à cette supposition, &
à celle qui fait parcourir *AD* de dix
mesures, par le resultat de ces deux
actions, il ne faut pas dire que l'un de
ces chocs, seul et separé, feroit
parcourir *AK* de 6 mesures, & l'autre *AF* de 8. Mais pour accorder
ces deux suppositions il faut dire.
Que *L* agite sur *A*, avec la force
necessaire, pour faire parcourir, dans
une minute, non *AK* toute entiere,
mais seulement 4 † ⅔. des 6 parties,
dont elle est composée; comme de
son côté la puissance *M* devroit faire
sur le mobile *A*, une impression ca-

N 5   pable

pable de lui faire decrirs, non *AF*
toute entiere, mais , $5\,\dagger\,\tfrac{4}{7}$ des 8
porties, dont elle eſt compoſéé alors
$4\,\dagger\,\tfrac{4}{7}\,\dagger\,5\,\dagger\,\tfrac{4}{7}$ de Degres $=$ 10, joints
enſemble ſans aucune perte, feroient
parcourir *AD*, dans une minute.

Je continuë a ne pas prendre de
party, j'expoſe auſſi clairement qu'il
m'eſt poſſible, & peuteſtre avec trop
d'etendüe, les ſoudemens, & les difficultés des deux hypotheſes, C'eſt
la methode que je ſuis reſolu de ſuivre en Phyſique , & cette ſcience
me paroit encore ſur un pied, où
l'Eſprit d'examen & de conference
luy convient mieux, & contribuera
plus à ſes progrês, que celuy de
deciſion.

On
Exami-
ne on
grand
foude-
ment
de Ly-
potheſe
ordi-
naire.
2e.
Fig. 35.

XI. Pour prouver, qu'un Mobile
A, aprês avoir porcouru la diagona-
AD de 10 parties ſeulement ne laiſſe
pas d'agir ſur la boule *D*, comme s'il
venoit de parcourir *AF*. de 8, & ſur
la boule *H*, comme s'il venoit de
parcourir *AK*, de 6. on ſe fonde ſur
le raiſonnement ſuivant.

Qu'on ſe repreſente une Table de
cryſtal *AD*, parfaitement polie.
Qu'on ſe repreſente encore, ſur cette

re même table le reƈtangle *A a C c*, de même matiere, & également poli: pour éviter tout ce qui pourroit embaraſſer l'imagination, je ſuppoſe les bords *A C*, *a c* de ce reƈtangle, plus élevés que le milieu.

Dans ce reƈtangle je concois ſucceſſivement une fourmi, puis une boule, qui le parcourent d'un mouvement uniforme, dans ſa longueur de *A a*, en *C c*, dans l'eſpâce d'une minute, pendant que ce Reƈtangle coule le long de la lable *A C B D*, & ſe porte de *A C* en *B D*, dans le même eſpâce d'une minute.

Je vois qu'au bout de ce temps là ma fourmi, ou ma boule, en un mot, mon mobile ſera arrivé de *A* en *C*. & la ligne *A C*, de *A C* en *B D*, deſorte que mon mobile qui au commencement ſetrouvoit ſur le point *A*, ſe trouvera à la fin de la minute, ſur le point *D*.

Et comme au milieu de ſa courſe, il ſe ſeroit trouvé en *F*. au milieu de la diagonale, au quart de ſa route en *E F*, la quart de cette Déagonale, on conclud, qu'il ne l'aura point abaudonnéé, pendant

N. 6. tou-

toute la minute, qu'a duré son mou-
vent, ou son transport de *A* en *C*.
qui conjointément avec celui de *AC*
en *BD* a procuré le transport de *A*
en *D*.

On est donc obligé de reconnoitre
que les deux mouvemens *AC*, & *AB*,
en s'unissant pour transporter le mobile, luy feront parcourir la Diagonale *AD*, moindre que $AC + AB$,
& ne le porteront point au dela.

On doit encore avouer que si le
Rectangle s'arreste en *BD*. le mobile qu'il porte, en perdant une de ses
déterminations, & un de ses mouvemens, ne laissera pas de conserver
l'autre tout entier, & par ce mouvement là qu'on suppose Uniforme
il sera dans une minute, sur *BD* prolongéé, un chemin égal, a celuy
qu'il vient de faire, en parcourant
le canal *AC*.

On accordera encore, qu'en se portant de *AC* vers *BD*. il pourra frap-
per un corps, qui s'opposeroit a son
mouvement en ce sens, suivant une
force dont *AB*, seroit la mesure.

C'est ainsi que l'on conçoit & qu'on
doit concevoir réunis deux mouvemens,

mens, par l'un des quels un mobile
se porte, par un mouvement qui luy
est propre, vers un terme, comme
ici de *A* en *C*; pendant que par l'autre mouvement, il est porté, & a-
vancé, vers un autre terme comme
est ici *BD*, porté, dis je, par un
mouvemens qui luy est commun, a-
vec celuy dela ligne *AC* qu'il decrit.

Mais en est il de même d'un mouvement qui resulte de deux corps,
qui aprês avoir frapé un mobile l'a-
bandonnent & luy laissent un seul
mouvement propre, par lequel il
se porte vers un terme, sans être
porté par le plan qui le soutient vers
un autre terme?

Pour ne laisser la dessus aucun embarras, ni aucun sujet de doute,
voici quelques disparités qu'il faudroit lever.

1e. Les puissances *L*, & *M*, a- Fig. 33.
bandonnent le Mobile, aprês l'avoir
frappé, & leurs impressions y pro-
duisent un mouvement, aussi unique,
que si une seule force l'avoit poussé,
suivant la direction dela Diagonalé
AB; aulien que la cause, qui fait

                    avan-

avancer la fourmi ou la boule fur *AC*, agit toujours feparément dela caufe qui l'approche de *BD*. ces deux actions font diftinctes, pendant toute la duréé du mouvement.

2ᵉ. *Le* Mobile en s'avançant de *A* en *C*, fe meut, à quelque égard qu'on le confidere, aulien que fon progrés de *AC* en *BD*, n'empefche pas qu'on ne puiffe dire avec verité, qu'il eft en repos, dans un certain feus, car s'il n'avoit que ce mouvement là, il feroit vrai dedire qu'il eft en repos, confideré comme une partie, qui par fon contact, & fon appuy fur le rectangle *Aa Cc* compofe avec luy un feul rout, c'eft adire, qu'a c'eft égard, il a un *repos propre*, & feulement un *mouvement Commun*.

Ces defparités parroiffent effentielles

Le Mobiles décrit fur le rectangle *Ac*, laligne *AC*; On n'en fcauroit difconvenir: Il etoit d'abord en *A*, puis il fe trouve en *C*, & s'il avoit eté teint d'une couleur à fe répandre

fur

fur fon chemin, il auroit laiffé des veftiges vifibles, de fon progrês fur la ligne *AC*.

Il n'eft pas moins certain, que chaque point du rectangle *Aa Cc*, décrit une ligne égale à *AB*. fi donc le mobile demeuroit en repos, fur un des points de ce rectangle, il decroit par fon mouvement commun avec le plan qui le porteroit, un ligne égale à *AB*, Mais quand il fe meut d'un mouvement propre, comme il fe trouve fucceffivement fur tous les points de *AC*, il decrit auffi fuccef-fivement des portions de lignes, qui raffemblées en une fomme, feroient une longueur égale a *AB*, car il ne-fait ni plus ni moins de chemin que les points, fur les quels il fe trou-ve.

Il n'y à la deffus aucune contefta-tion, & la difficulté qui fe préfente da-bord, eft tres facile à refoudre. Le mouvement total du mobile, eft *AC*†*AB*. & cependant il ne parcourt que la Diagonale *AD*.

Pour lever cette difficulté, il n'y a qu'à diftinguer le mouvement com-mun, d'avec le mouvement propre,

&

& à leur affigner à chacun fon acti·
vité diſtinctе, quoy que celle de l'une
ſe déploye en même temps, que
celle de l'autre.

Si le mouvement le long de *AC*,
& celui qui eſt parallele à *AB*, ſe
faiſoient l'un & l'autre par des re·
priſes alternatives, le Mobile décri·
roit ſucceſſivement les deux jambes
d'un Triangle Rectangle. En décrivant celle qui ſeroit couchéé ſur *AC*,
il s'ecarteroit de la Diagonale *AD*,
puis en décrivant la jambe parallele, à *AB*. il ſeroit ramené ſur cette
Diagonale.

Plus ces alternatives ſeroient fre-
quentes, & chacune d'une courte
duréé, plus les Triangles ſe trouveroient petits. Ils pourroient même le devenir a un tel point, qu'ils
ne s'ecarteroient pas ſenſiblement de
la Diagonale, & que les yeux, &
même l'imagination, les confondroit
avec elle, cependant leur ſomme ſeroit toujours égale à *AC* † *AB*, le
nombre des côtés recompenſant préciſément leur petiteſſe.

Mais dans le cas qu'on examine,
il n'y apoint d'alternatives, & on
n'en

n'en peut point supposer, pour petites qu'on les suppose ; les mouvemens , sur *AC* se faisant précisément en même temps que les mouvemens parallèles à *AB*.

Afin donc, que cette *Simultanéité*, produise un effet qu'on ne peut pas imputer a des alternatives, & tienne precisément le mobile sur la Diagonale, il faut que le mouvement qui tend à le ramener sur elle sefasse en même temps, que celuy qui tend à l'en écarter , & parconsequent , il faut que le mobile décrive en même temps les deux jambes d'un Triangle Rectangle.

C'est cequi est impossible, si ces deux jambes sont supposées en repos, & si l'on ne donne au mobile qu'un seul mouvement propre, car il est impossible qu'il se trouve en même temps, sur deux lignes differentes & éloignées , l'une de lautre, pour peu qu'elles le soient.

Mais si l'on suppose, que les jambes parallèles à *AB*, se meuvent, il sera aisé de concevoir que sans aucune interruption de temps, elles ramenent sans cesse le mobile sur
la

la Diagonale, précisément autant qu'il s'en écarte, & parconséquent l'empêchent de la quitter.

Si l'on conçoit, par Exemple, les deux, *GF, FE.* en repos, un mobile ne pourra les parcourir que successivement, & notre fourmi, ou nôtre boule, s'ecartera premierement de la Diagonale, en décrivant *GF*, avant que d'y revenir en décrivant *Fe.* Mais si l'on suppose que le côté *Fe*, se meuve, & que le point *F* arrive de *F* en *e*, dans le même temps que le Mobile, par son mouvement propre, a decrit *GF*, il est manifesté qu'il deura se trouver en *e*, en même temps qu'en *F* & dans la moitié de *GF.* en même temps que dans la moitié *de Fe.*

On fera le même raisonement & on tirera la même conclusion, sur quelque partie de *GF*, qu'on le suppose parvenu, car cette partie sera elle même parvenuë sur la Diagonale, en même temps.

Ainsi le mobile ne quittera point la Diagonale, parcequ'il a deux mouvemens distincts, & agissants separément, quoiqu'en même temps; &

qu'il

qu'il est toujours reporté par l'un sur
cette Diagonale, en même temps,
& autant que l'autre l'en écarte ou
qu'il s'en écarte luy même par l'autre.

Une telle Simultancité de deux
mouvemens contraires, l'un *Propre*,
l'autre *Commun*, peut obliger un mobile, sur le quel, ils s'exerceront a
rester dans la même place, de *l'Espace*, quoyqu'il se meuve veritablement, dans le sens del'un, & dans
le sens de l'autre. Car si un mobile
avance par son mouvement propre,
du midy au septentrion; sur une ligne qui en reculant précisément autant
du septentrion au midy, le rapporte
(par un mouvement commun,)& en le
portant l'aproche du terme dont il s'e-
carte, & loin duquel il seporte, le ra-
proche, dis je, de ce terme précisément, autant qu'il s'en éloigne, ce mobile restera toujours à égale distance,
des deux termes, & quoyqu'il se meuve
par deux mouvemens tres tres réels,
il sera toujours vû, dans la même
place, ni plus ni moins, que si deux
mouvemens contraires & égaux,
l'empechoient de sortir de cette
pla-

place , & y affermissoient son repos.

Un seul mouvement *propre*, ne
peut point produire un semblable
effet: Pour un tel effet, il faut necessairement qu'il y en ait deux di-
stincs , dont l'un approche le mobile d'un terme, autant qu'il s'en écarte par l'autre; Cest cequi ne peut a-
voir lieu, lors que le mobile n'a qu'un
seul mouvement propre, soit qu'une
seule cause le luy ait imprimé, soit
quil resulte du concours deplusieurs
chocs. Sur nôtre Table immobile
figurons nous une boule *A.* qui
(poussée par une seule cause, suivant
2e. la direction *AD*, ou par le concours
Fig. 34. de deux, dont l'une pousse de *A* en
C, & l'autre de *A* en *B*) décrit dans
une minute la Diagonale *AD*; Dans
un tel cas, y a t-il, la moindre vraisemblance, adire, que si cette boule
ne quitte point la Diagonale *AD*,
ce la vient de ce quelle a deux mouvemens , dont l'un la ramême sur
cette Diagonale précisément, & autant qu'elle s'en écarte par l'autre;

Figurons nous un canal, creusé,
dans cette table de cristal, précisément

ment fons la direction dela Diagonale *AD*, & concevons dans ce canal,
une boule égale, à celle qui fait fon
chemin fur le Rectangle, en allant
de *A* en *C*. Figurons nous encore,
que ces deux boules égales partent
en même temps de *A* & arrivent en
même temps en *D*, en telle forte
que, pendant toute la duréé deleur
mouvement, on les void, vis a vis
l'une de l'autre.

1°. Il eft tres évident que le mouvement *propre* de celle qui eft dans
le canal, deura être plus vite que le
mouvement propre, de celle qui fe
meut fur le rectangle, puifque, par
fon mouvement propre, celle là parcourt *AD*, & celle ci ne parcourt
que *AC*, moindre que *AD*.

2°. Il n'eft pas moins évident,
qu'au *mouvement propre*, de celle ci,
il fe joint un *mouvement commun*, ou
une fucceffion de mouvemens com-
muns paralleles à *AB*, aulien qu'on
ne fcauroit attribuer un tel affemblage à la boule qui fe meut dans le
canal.

La viteffe, avec la qu'elle la Diagonale *AD* eft parcouruë, par un
mou-

mouvement propre; & la vitesse a-
vec la quelle elle est parcouruë, par
l'union d'un mouvement propre, &
d'un mouvement commun, ces deux
vitesses, dis je, ne doivent point
passer pour absolument égales, &
on ne doit pas juger de l'une sur le-
pied de l'autre. Dans l'un des cas le
mobile n'a qu'un mouvement propre, dont la ligne *AD* est la mesure, & dans l'autre il y en a un commun, dont la quantité *AB* marque
la quantité, & un propre dont la
quantité se mesure par *AC*; Il paroit
bien n'y avoir qu'un mouvement
sur la Diagonale *AD*; mais c'est là
une apparence, qui resulte de l'assemblage de deux mouvemens, &
deleurs effets reciproques.

Uu corps parcourt une ligne de
dix mesures, du midy au septentrion, pendant que le plan sur lequel cette ligne est tracéé & porte le mobile, se retire d'autant, & retire avec
luy ce mobile du septentrion au midy: Ne se tromperoit on pas, si on
s'imaginoit, que ce corps est en repos, parce qu'on le voit toujours a
égale distance, de deux termes
fixes,

fixes, l'un au septentrion, l'autre au midy.

Et ne se tromperoit on pas demême, si l'on disoit qu'un mobile, qui parcourt le côté d'un réctangle, lequel réctangle parcourt lui même la longueur d'une table, n'a d'autre mouvement, que celui qui se fait sur la Diagonale, sur laquelle on le voit sans discontinuation, pendant toute la durée de sa course.

Dans le premier de ces cas, il y a deux mouvements dont l'un pousse le mobile hors d'un espâce, & l'autre l'oblige a y rentrer. Dans le second, il y a deux mouvemens, dont l'un écarte de la Diagonale, & l'autre y ramême.

La Simultanèité de ces effets, est une contradiction si on les regarde, comme resultans d'un mouvement propre ; Mais elle devient concevable, dés qu'on les suppose naitre de la simultanéité d'un mouvement propre ; & d'ud mouvement dont l'activité est continuellement distincte, de l'activité du premier, quoique leurs effets se réunissent, & se confondenr en un sens.

Voi-

Voici encore un exemple qui peut contribuer a éclaircir la difference de ces deux cas.

Fig. 35. Soyent posés, sur une Table parfaitement polie, deux rectangles *A* & *B*, faisans l'angle D droit, & situés de telle maniere que *A* puisse glisser lelong de *B*, & parcourir une ligne égalle a son coté, en seportant du cotéd *o* de la Table, pendant que le Rectangle *B* s'avancera d'ans le même temps, & fera un chemin égal, au coté du Rectangle *A* vers le terme *M*, de la même Table. Il suffit pour c'est effet, que laface inferieure de l'un de ces rectangles, soit posée en partie sous la face superieure de l'autre; Soit enfin le petit cube *C* placé à leur rencontre en *D*.

1o. Il est certain que ce cube, cedant au Rectangle *A* parcourtera toute lalongueur de *B*, & que ce même cube cedant al'impression du Rectangle *B*, parcourera toute la longueur de *A*.

2o. Aprês avoir réellement parcouru ces deux longueurs, il se trouvera en *E*, à l'extremité de chaque Rectangle.　　　　3°. Le

3°. Le centre du petit cube n'aura point aboudonne la Diagonale *DC*, quoique ce centre ait parcouru les longueurs de *A*, & de *B*, & comment cela? C'eft qu'un de ces mouvemens le ramêne, fans difcontinuation, fur la Diagonale, à mefure que l'autre l'en écarte.

4°. Si le mouvement imprimé par l'un des Rectangles ceffe, en vertu de quelque caufe, qui l'arrefte, & le détruife feul, L'autre ne laiffera pas pour cela de fubfifter en fon entier.

5°. Quand une feule puiffance frappant un Mobile *C* fuivant la direction de *cE*, lui fait parcourir une Diagonale: Eft on fondé à fuppofer que le Mouvement de ce mobile *C* fur cette Diagonale, eft compofé de deux, dont l'un l'en écarte, en le pouffant vers *M*, & l'autre l'y ramêne en lepouffant vers *o*.

Neft il pas vray, que des apparences égales, dans leurs effets, ne mettent pas toujours en droit, de fuppofe ces effets produits, par un égal affemblage de caufes? Un mobile avance, par exemple du midy au

O

fepseptentrion de 4 mesures, dans une minute, en parcourant une ligne immobile, un autre avance de 10. mesures du midy au septentrion sur une ligne qui en même temps, recule de 6. desorte qu'an bout d'une minute, il se trouvera, comme le premier, à quatre mesures loin du meridional. A cause de cette circonstance, se trouve-t-on endroit, de supposer le premier de ces mouvemens composé comme l'autre, de 10 de progrês, & de 6 de reculemant, & tirera-t-on de cette Supposition des consequences, tout comme d'un principe réel? A quoy bon suposer qu'un homme qui a herité 10000 écus, de son Pere, & les à conservés, en à herité 50000 & en a dissipé 40000. parcique dans cette supposition, son bien se reduiroit à la même somme de 10000.

60. Si l'on conçoit que les deux rectangles, aprês être parvenus en n, abandonnent le cube e, qui dês là, se meut en vertu de l'impression qu'il à receuë des deux Rectangles sans que l'un, ni l'autre continue à s'appliquer sur lui.

Croi-

Croira-ton que dêr que le cube *e* est ainfi abondonné à luy même & que les deux Rectangles out ceffé de s'appliquer fur luy, il s'y conferve deux principes, dont l'un le pouffe a s'ecarter de le Diagonale du côté de *M*, & l'autre le ramêne fur cette même Diagonale en le pouffant du côté de *O*.

Ou trouvera-t-on plus raifonnable de penfer, qu'au moment que les deux Rectangles ceffent de fuivre le Cube *e*, puifqu'il fe trouve fur la Diagonale, en vertu de leurs deux impreffions confonduës en une, il ne la quittera plus.

7°. Pendant que les 2 Retangles pouffent le cube *e*, l'un luy donne la quantite de mouvement *A*, & l'autre *B* (effectivement il decrit la valeur de ces deux côtés,) fi au moment qu'ils auront exercé fur luy leur impreffion, its le quittent dés la; il fera pouffé le long de la Diagonale *DE*, avec un mouvement, dont la Quantité fera $A + B$, & puifque $A + B$ parcour *DE*, il ira au dela du point *E*.

8°. Et fi cela eft ainfi, puifque les Fig.33.

 puifpuissances L & M font l'effet des deux Rectangles, il faudra dire que le mouvement sur AD sefait avec les quantités $AK \dagger AF$.

XII. Il s'àgilloit d'abord de determiner la force des chocs du mobile A parvenu en D, sur les boules D, & H.

Si on veut que ces Chocs, & leurs Effets, soient en raison des lignes AK, AF, cela paroit incontestable.

Mais si l'on prétend que le choc du mobile A sur la Boule D soit précisément aussi vigoureux, que s'il avoit parcouru la longueur du coté, dans le temps qu'il a parcouru la Diagonale, on trouve des raisons d'en douter.

La conclusion, qu'on tire des effet, de deux mouvemens, l'un commun, & l'autre propre, ne me paroit plus juste dès qu'on l'applique au cas présent.

Quand on se sert de Comparaisons, en veuë de prouver, & d'établir un cas contesté, il faut qu'elles soient de la plus exacte justesse, & on ne peut plus raisonner sur l'un des cas,

com-

comme fur l'autre, dés qu'entre les caufes , qui influent fur l'un, & les caufes qui influent fur l'autre, il fe trouve quelques differences capables de varier leurs effets.

Or dans l'un de ces cas, je vois deux mouvements produits, par deux caufes diftinctes, dans leur commencement; diftinctes dans leur dureé, & qui à chaque inftant agiffent feparément, quoi qu'en même temps, aulieu que dans l'autre cas, Les deux puiffances L & M, n'agiffent fur le mobile A, qu'au moment précis de la naiffance de fon mouvement, & des là, l'abaudonnent, aprés que de leurs coucours, il s'eft produit fur A un effet auffi feul, auffi unique, auffi fimple que s'il avoit été pouffé fuivant la direction AD, par la feule puiffance P.

Dans l'exemple qu'on allegue, pour éclaircir le cas contefté, il ne feperd rien, ni du mouvement commun ni du mouvement propre, A chaque inftant, ils fubfiftent, l'un & l'autre dans leur entier.

Mais quand la puiffance L produit fur A une impreffion capable de luy

O 3   faire

faire parcourir *AK*, dans une minute, & que la puiſſance *M*, en produit une capable de luy faire parcourir AF, ſi le mobile *A*, recoit
ces deux quantités de Mouvement,
il decrira en vertu d'une telle impreſſion une ligne $=$ *AK* $+$ *AF*.

Ainſi, *AD* prolongéé juſqu'en *N*,
deviendroit la Diagonale d'un rectangle, dont les cotés ſeroient plus grands
l'un que *AK*, l'autre que *AF*, & elle
feroit en *N* ſur les boules *D*; & *H*,
des impreſſions, non comme ſi elle
venoit de parcourir ces deux grands
côtes *AT*, *AG*. Mais ſeulement comme ſi elle venoit de parcourir leurs
parties proportionnelles *AK*, *AF*.

Si au contraire il ſeperd quelque
choſé de l'impreſſion *AK*, & quelque choſe de l'impreſſion *AF*; le
Mobile *A* n'agira pas ſur les boules
D & *H*, comme s'il avoit receu ces
deux impreſſions, & qu'il les eut
conſervé tout entieres; Mais il agira
ſeulement ſuivant deux forces proportionnelles à ces lignes, & dont
la ſomme ſe meſureroit par la ligne
AD, & non pas par *AK* $+$ *AF*.

J'examinerai, en obſervant la même

mc Methode , s'il se perd quelque chose des impressions *AK. AF.*

XIII. Il se fait sur le mobile A , une impression , suivant la direction *TA*, capable de luy faire parcourir *AP*, dans une minute , il s'en fait une égale, suivant la direction *MA* qui sen'e , luy feroit aussi parcourir *AD* == *AP.*

On Examine une autre questi-on.

Fig. 36.

Ceux qui croyent, qu'il se détruit une partie de ces deux impressions raisonnent ainsi.

L'Impression *MA*, est composée de *MN*†*MC*, ou *CA*†*NA*. l'impression *FA*, est composéé de *GA*† *NA*, or de ces 4 impressions, les 2 *CA*, *GA*, sont directement contraires, de sorte qu'elles se rendent reciproquement sans effet. Restent les deux impressions suivant *NA* qui s'uvissent pour pousser le mobile *A*, suivant *NA* prolongéé & leus faire décrire , dans une minute *Ax*, qui deura estre égale a 2*NA*, si leurs impressions passoint toutes entieres.

Ce raisonnemènt a sa vraisemblance ; Mais si on le pousse, il amême a une conclusion, toute contraire a te qu'il suppose, & qui renverse son principe.   O 4   Le

Le Mobile *M*, & le mobile *F*, parviennent en *A*, avec des forces, dons les unes, font impreſſion ſur le mobile *A*, & les autres n'y en font point.

Les forces ſans effet ſont *CA*†*GA*, & celles qni font impreſſion ſont les deux *NA*.

Le Mobile *M*, parvient donc en *A*, avec la force *NA*, qui agit, & avec la force *CA* qui ſeperd par l'oppoſition de *GA*, on cequi revient au même, il y parvient avec les forces *MC*, & *MN* = *CA* † *NA*.

Or le Mobile *M* parvient en *A* avec les for ces qu'il a receuës en *M*, & qu'il a conſervéés en parcourant *MA*.

S'il y parvient avec *MC*†*MN*, il eſt donc parti, de *M*, avec ces forces, & il n'eſt pas vrai, qu'il ſeperde quelque partie des forces, dont les côtés ſont les meſures. La force qui ſeule lui auroit fait parcourir *MC*, & celle qui ſeule luy auroit fait parcourir *MN*, ſont l'une & l'autre reſtéés tout entieres ſur luy, ce qui eſt préciſément le contraire, de ce qu'on avoit dabord établi.

Quand

Quand les deux Puiſſances *M*, & *F*, ſeroient l'une & l'autre des corps a reſſort, ou des corps mols, de même que le mobile *A*, les efforts *CA*, *GA* pouroient ſe conſumer reciproquement en ployement de parties. Mais comme il ne ſe peut faire, ni ployement, ni Tremouſſement, dans des corps parfaiſement ſolides ; des que le mobile *A* cede, dans un ſens, la quantité des impreſſions qui ſe font ſur luy, au moment que les corps *M* & *F* y arrivent, cette quantité prend toute entiere cette determination ; au moins, s'il eſt vray qu'un corps en mouvement change ſes directions, plutoſt que de perdre ſon mouvement.

XIV. Soit un poids quesconque *A*, en équitibre avec les deux forces *T* & *S* qui le ſoutiennent, par le moyen des cordes *TM*, *SN*.

Il eſt demoutré, qui ſi, ſur une portion *AB* de la direction du poids *A*, comme *Diagonale*, on imagine un parallelograme *FG*, dont les côtés *AF*, *AG*, ſoient pris ſur les directions : *AM*, *AN* des Puiſſances *T* & *G*. on aura toujours.

O ſ   Com-

Comme la pefanteur de ce corps *A* eft à chacune de ces deux puiffances *T* & *S*.

Ainfi la diagonale *AB*.

Eft à chacun de côtés *AF*, *AG*.

Or ce poids *A*, étant ainfi en é-quilibre avec la force *O* refultante du concours d'action de ces 2 puiffances fur luy, cette force *O* doit être égale à la pefanteur de ce Poids, & dirigéé à contrefens de cette pefanteur fuivant la même *AB*.

Donc la force *O*, refultante du concours d'action des 2 paiffances *T* & *S*, tireroit non feulement de *A* vers *B*, fuivant la direction *AB*, Mais feroit encore à chacune de ces 2 puiffances, comme la Diagonale *AB* à chacun des deux côtés *AF*, *AG*.

Par confequent, fi le corps *A* n'avoit, aucune pefanteur, ce concours des ferces *T* & *F* imprimé à la fois, en *A*, le porteroit de *A* en *B*, fuivant *AB* d'une furce *O* qui feroit a *T* & *S*, comme *AB* eft aux côtés *AF*, *AG*.

Ce dont on convient.

XV. Si les puiffances *T* & *S*, font des poids librement fufpendus a des cordes repliées;

On

On doit convenir, que quand ce poids *A* eſt au poids *T*, comme *AB* eſt a *AF*, & que ce même poids *A* en au poids *S*, comme *AB* eſt à *AG*, il y aura équilibre, & quand cela a lieu, le poids *T* eſt au poids *S*, comme *FA* eſt a *GA*; L'experience le prouve.

2°. Pour determiner en Lignes, quelle proportion doit avoir le poids *A*, avec *T* & *S*; tirés *GB* parallele à *FA* & *FB* parallele a *GA*, pour acheuer le parallelograme.

Sa Diagonale *AB* & ſes côtés marqueront les raports des poids *A*. *T*, *S*. C'eſt a dire, celuy qu'ils doivent avoir afin que l'Équilibre ſe faſſe.

Si on trouve une *Meſure Commune* aux trois lignes AG, *AB*, *AF*; de la même maniere qn'elle ſera contenuë, ſucceſſivement dans ces trois *lignes*: De la même maniere auſſi, la meſure commune de ces trois poids, ſe trouvera dans chacun de ces poids.

3°. Quand, on a la direction des lignes *T A S*. qui ſont les deux portions de la corde repliéé, ceſt a dire,

O 6   lor-

lorſque l'angle *A*, qu'elles forment, eſt donné.

Quand, on a encore ſur ces lignes les parties *AF*. *AG*, qui ont entr'elles la même raiſon, que les poids, qui pendeut de *T* & de *S*, ont entr'eux.

Pour découvrir quel ſera le poids *A*, qui doit faire équilibre, & ſa raiſon aux deux autres, on peut ſuppoſer, que cette ligne qu'on cherche, & qui doit exprimer, par ſa longueur, cette raiſon, eſt préciſement la même qu'on trouveroit, au cas que la puiſſance *T* tirant *A* lelong de *AF*, d'une force à la luy faire parcourir, dans un temps determiner, pendant que de ſon côté, l'autre puiſlance *S*. tirant le même *A* le long de *AG*, avec une force encore capable de la luy faire parcourir, dans le même temps ; ces deux efforts réunis ſe reduiſoient a faire parcourir, dans ce même temps, au mobile *A*, la Diagonale *AB*. deſorte que rien ne ne pourroit l'empêcher de la parcourir en effet, qu'une reſiſtance qui fut à ces efforts réunis en *A* comme *AB* eſt elle même à *AF* † *AG*.   Au

Au cas, disje, que de rels efforts se combinaſſent, comme on vient de le ſuppoſer, on verroit naitre un Equilibre, tel qne trois poids, dans cette ſituation, & dans cette proportion, ont accoutumé de produire.

XVI. Mais ſi de là on conclud, que l'equilibre des poids prouve par Experience la verité d'une ſuppoſition qu'on ne ſçauroit accorder, ſans convenir qu'elle ſera ſuivie d'un effet ſemblable, à celuy des poids; on pourroit conteſter la neceſſité de cette conſequence. On a fait, en Aſtronomie, des hypotheſes qui ont-ſervi a rêgler des mouvements periodiques, & à prédire des retours: Mais cét uſage, qu'on en tiroit n'a pas été une preuve de leur verité. Les Anciens Mechaniciens, & les Anciens Opticiens ont ſuppoſé la nature du Mouvement, & de la Lumiere telle que l'Ecole d'alors les concevoit. Ils ont pourtaut donné des demonſtrations, dont les concluſions étoient veritables, & conformes a l'Expericun. Pourquoy? Parce que des cauſes Ueritables pro-dui-

Cedont on peut douter.

O 7

duifoient réellement les effets quils attribuoient à des caufes Imaginaires.

Fig. 37.   On fuppofe qu'une force *L* , imprime fur le mobile *A* une vigueur qui feule ley feroit parcourir *AK*. & que la puiffance *M* , imprimant fur le même mobile *A* une force qui feule luy feroit parcourir *AF*, dans un temps determiné leurs efforts réunis aboutiffent à luy faire parcourir *AD* dans le même temps.

Or pofé cela pour principe , on applique ce Principé à l'Equilibre de 3 poids, qui font entr'eux comme *AK AD. AF*. De cette opplication , on remonte au Principe, & on en conclud la verité; Mais il faudroit premiérement, avoir prouvé la verité du principe, indépeudamment de cette application , & il faudroit de plus avoir prouvé que l'Equilibre des 3 poids , qui ont entr'eux ces raifons, ne peut être imputé à aucune autre caufe.

Fig. 36.   Puifque les trois poids *T*, *A*, *S* qui font entr'eux comme les lignes *AF AB AG* font entr'elles, font en *équilibre*; *Trois efforts qui leurs repondront,*

dront, l'un dont *AF*, l'autre dont *AB*,
l'autre dont *AG*, *seront les quantités*,
ces trois efforts seront aussi en équi
libre.

On peut douter de cette conséquen
& puorquoy? parceque comme on le
val voir, l'equilibre des trois poids
T, A, S. n'est pas l'effet de leur seule pesanteur; Mais celuy de leur pe-
senteur combinée, avec la Disposition que la Machine leur donne, à
des mouvemens, de certaine longueur & de certaine vitesse. Il faut
chercher la cause de l'Equilibre des
Poids, & voir si elle s'applique aux
puissances *L* & *M*.

XVII. C'est une necessité que les
poids *T* & *S* tirent avec des forces
composéés des degrés de leur pesanteur, & de ceux de leur vitesse, &
que de la resulteront les degrés de
leurs efforts contre le Poids *A*, qu'il
s'agit de faire monter.

Mais si le poids *T*, au lieu d'agir
contre le poids *A*, suivant toute l'e-
tenduë de sa vitesse *AF*, ne faisoit
effort contre luy, que suivant une
vitesse *AP*, le reste le consumant
contre le poids *S*, le mouvement du
poids *T*, seroit *AF* † *AP*.

Fon-
demens
du dou-
te.

De

De même le moment total du‑
poids *S* feroit *AG* † *PB*. Or ces deux
momens ne feroient point égaux a
celuy du poids *A*; Car fa pefanteur
s'exprimant par *AB*, & la longueur
de fon chemin par la même *AB*. il
s'en fuivroit que $AB = AB \times AP$
† *AB* x *PB*, deux quantités qui fur‑
paffens *AF* x *AP* † *AG* x *PB*.

A la verité fi l'angle *A*, étoit
droit, & que par quelque difpofition
de machine, on obtint que 3. Poids
qui feroient entr'eux comme les lig‑
nes *AG*, *AB*, *AF*, font entr'elles,
fuffent placés, en telle forte que le
premier, & le troifiême euffent de
viteffe, dans leur defcente, l'un *AG*,
l'autre *AF*, pendant que le fecond
poids monteroit de la longueur *AB*,
il fe feroit equilibre, parceque le
moment AB², feroit égal aux mo‑
mens AG² † AF².

Voicy un cas qui feroit femblable
a celuy là & qui peut éclaircir ce
fujet.

Que les puiffances *T* & *S*, foient
deux refforts arreftés fur une Table
horiz outale & polie, & que le pre‑
mier, en fe débandant, ait la force
de

de faire parcourir à un Poids, dont *FA* soit la mesure, la longueur *AF*. Que le second puisse faire parcourir, dans le même temps, la longueur *AG* a un autre poids, dont *AG* soit aussi la mesure.

Qu'un troisiéme ressort poussant de *A* en *X*, soit capable de faire parcourir $AX = AB$, à un mobile dont *AB* mesurera le poids, il se fera équilibre.

Et si le poids dont *AB*, est la mesure, & marque la raison aux deux autres, se trouvoit libre en *A*, c'est à dire, si aucune cause ne le poussoit vers *X*, si, disje, il etoit libre, & en état de suivre parfaitement l'imprssion des deux ressorts *T* & *S*; Ces deux ressorts luy feroient parcourir *AB*, dans le temps que chacun d'eux auroit fait parcourir a son poids, l'un *AF*, l'autre *AG*; Car w$B^2 = AG^2 + AF^2$.

Mais de là on ne scauroit conclurre, qu'un Mobile égal à *A*, & poussant *A* d'une force capable du luy faire parcourir *AF*, dans une minute, pendant qu'un autre mobile, encore égal a luy, le pousse d'uue force ce capable deluy faire parcourir AG, dans le même temps d'une minute; On ne scauroit disje, conclure, que les chocs de ces deux mobiles, feront parcourir au corps A, dans une minute, la ligne AB, diagonale du rectangle dont AB & AG sont les cotés. Ce cas est si different du précedent, que si l'un arrive, lautre ne peut pas avoir lieu.

Dans le précedent la quantité du mouvement de A etoit $AB^2 = AF^2 \dagger AG^2$. Mais dans celui cy où les Mobiles sont égaux, les quantités de mouvement sont d'un coté $AF\dagger AG$, & de l'autre AB, plus petite que $AF\dagger AG$.

Si l'on dit que les deux impressions AH, AK, se detruisent l'une lautre, & qu'il ne reste pour pousser le mobile A du côté de B, que AP, & $AQ = AP\dagger PB$; On retombe dans un des inconveniens qu'on à déja allegués.

Et dans le cas où AF, & AG sont les mesures des poids T & S. & AB, la mesure du poids A. le moment du poids A, seroit AB^2, & ceux de T & S seroient $AF\dagger AQ$, & $AG\dagger$
AP

AP ou $AF \times AQ = PB$ & $AG \times AP$. & ces deux momens seroient moindres que AB^2.

XVIII. On peut expliquer l'Equilibre du cas qu'on éxamine, par des raisons directement, & uniquement tirées de la nature du mouvement en general, & en particulier de celuy de pesanteur.

1°. Quand on compare deux mobiles, pour determiner leurs *Momens relatifs*, ou leurs *Forces reciproques*, il faut comparer leurs vitesses & leurs masses, & preudre, pour leurs forçes, les prodiuts de l'une par l'autre.

2°. En eux mêmes, & le reste étant égal, il ne sepeut que 3 poids inégaux soient en equilibre ; Mais ils le deviennent quand leurs vitesses se trouvent reciproques à leurs Pesanteurs.

3°. Plusieurs Masses inégales en poids, sont determinées à commencer, chacune son mouvement, avec la même vitesse, & elles le commenceront ainsi, si elles sont libres. Il n'y à que la situation qu'on leur donne, dans une machine qui rende

les

vitesses de leurs mouvemens inégales.

4°. Puisque les poids donnés, *T.* *A. S*, ne conseruent leur équilibre que quand les lignes *AF*, *AG*, font un certain angle; & que cét équilibre seperd, des que cét angle change, il ne faut faire attention, qu'a la nitesse de descente, que leur situation présente leur permet d'avoir, au commencement de leur chute, & dans un temps infiniment petit.

5°. Pendant un temps infiniment petit, le poids *A* descendant, suivant la direction *BA* commenceroit àdécrire par rapport au poids *T*, une infiniment petite portion de Tangent de cerele, dont *FP* Seroit le rayon; & par rapport a *S*; *A* décriroit une infiniment petite portion de Tangente dont *GQ* seroit le rayon.

Ce seroit la vitesse respective du poids *A.* au commencement de sa chûte.

6°. Quand au poids *T*, il est determiné par sa propre pesanteur, a commencer de descendre, aussi vite que *A*, Mais voyons ce que sa situation, dans la machine, y apporte de changement.   Il

Il ne deut descendre qu'antant que
la corde *AF*, avancera de *A*, vers *F*,
ou autant qu'avancera un point quelconque de cetre corde.

Que du poient *P*, on abaisse la
perpendiculaire *Pv*, L'infiniment
petit progrês de *v*, ou son mouvement naissant, sera la Tangente d'un
infiniment petit arc, dont *Pv*. sera
le rayon.

7°. La vitesse de la descente du
poids *S*, s'exprimera de même, par
une Tangente dont *QY* sera le rayou
& la descente de *A*, par rapport a
S, par une tangente dont *GQ* sera
le rayon, comme on vient de le
dire.

En effet, *A* descend, comme en
faisant tourner le Levier *FP*. *T* descend & fars monter *A*, comme en
faisant tourner le Levier *Pv*.

Or dans le Triangle Rectangle
FPA, à cause de la perpendiculaire
Pv. *FP*. *Pv* :: *FA*. PA.

FA & *PA* marquent donc les rapports des vitesses des descentes de *A*
& de *T*.

De même *GA*, & *QA*, marquent
les rapports des descentes de *A* &
de *S*.
II

Il est facile de prouver que $AP +$ $AQ = AB$.

Donc AB morque les vitesse de T & S par rapport à A, lorsque $FA + AG$, marquent la vitesse de A, par rapport a T & S.

Donc si les Masses T & S s'expriment par $FA + AG$ la quantité de leur mouvement, ou leur *Moment* & leur *Force* sera $FA \times AP + AG \times AQ$.

Dans la Masse A exprimée par AB, il y a deux parties dont l'une, antagoniste à T, s'exprimera par AP, & l'autre antagoniste a S, s'exprimere par AI. On aura pour le Moment de l'une $AP \times AF$, & pour le moment de lautre $AQ \times AG$.

Ne sont ce point là les veritables causes de l'Equilibre des trois poids dans les circonstances qu'on vient de supposer.

Application dee cation principer a despus.

XIX. On peut aussi se representer les cordes AZ, AD, AG, sur une Table horizontaie, sur les bords de laquelle il y à des Poulies par dessus lesquelles ces cordes se replient & soutiennent, dés là des poids qui font entr'eux comme AF, AB, AG, on trouvera que leur Equi-

quilibre est fondé sur les mêmes causes.

La demonstratiou du P Pardies revient a la mienne. Mais elle n'est pas si simple.

La cause de l'Equilibre des poids ne peut plus s'appliquer, aux impulsions L. M, de la Fig. 37. sur lesquelles roule la Question des chocs obliques & de leur Quantité.

Sil y avoit en A un petit cylindre tres poly au-tour du quel la corde MAN fut repliée pour soutenir, apres avoir passé sur les Poulies M & N, les deux poids T & S.

Fig. 41.

Il est visible que les vitesses respectives de ces deux poids seroient entre elles comme Pv & Py, Rayons des Tangentes commencéés en v & en y.

Or si ou tire PF parallele à AN & PG parallele a MA, ou aura les triangles semblables vPF P y G.

Donc PF PG :: Pv. Py.

Donc PF & PG, on leurs égales AG AF. exprimeront le rapporr des vitesses.

Si donc le poids T est au poids S, comme FA, est a AG, FA x GA,

mar-

marquera la force du poids *S*, d'ou suivra l'Equilibre.

Si le poids *C*, est au poids D, comme *AB* à *BE* il y aura equilibre.

Pour rendre raison de cét equilibre, il n'est nullement necessaire, d'imaginer en *C*, deux mouvemens, l'un *AE*, qui se perd, & l'autre *EB*, qui agit contre le poids *D*, car alors le Momens de *C* seroit $C \times EB$, plus grand que le moment de $D = D \times EB$.

Mais *D* descend, ou monte à proportion que la corde *CB*, avance de *C* en *B*, sa montée ou sa descente se mesurent donc par *AB*. au lien que quand le poids *C* parvient de *A* en *B*, il ne monte que de la hauteur *EB*, & comme pour regler l'Equilibre, on ne compare que les mouvemens de montéé, & descente simultanées si le poids de *C* est *AB*, pendant que le poids de *D* est *BE*, le *Moment* de *C* sera $AB \times EB$. & celuy de *D*, $EB \times AB$.

Les poids multipliés par les longueurs des montéés, & des descentes, auront des forces égales, ce qui cause l'Equilibre. Ce

Ce principe simple & universel,
regne dans tous les cas, & la Methode qui en reud l'application plus
évidente & plus senfible, a quelque
droit de paffer, pour la plus éle-
gante, comme étant la plus Simple. Si on écrit une Mechanique
ou y comparera cette Methode a-
vec celle des multiples combinaifons.

XIX. La Theorie du jet des Bom-
bes toute fondée fur l'hypothefe, fur
la quelle, on vient de propofer des
doutes, ne fournit elle point des
preuves d'experience, contre les
quelles il n'y a rien a oppofer?

De la Theo-rir de jet des fubobes

Peut'eftre qu'en examinant de prés
cette Theorie, & les confequences
qu'on en tire, il fe trouvera que ces
Principes & ces Confequences, s'accommodent également dês deux hypothefes, & ne font liées à la verité d'aucune des deux, & ne la prouvent, ni ne la refutent.

Une Bombe employe autant de
temps à defcendre, qu'elle en avoit
employé à monter.

Quoique la poudre l'ait chafféé du
Mortier, fuivant la direction *AB*,

Fig. 43.

P   qui

qui paroit simple ; cette direction
taut simple, qu'on trouvera àpropos
de la suppoſer, ne laiſſera pas de
produire deux effets, l'un d'eleuer
la Bombe, l'autre de l'avancer ho-
rezon talement.

Si la portion de ſa force en vertu
de la quelle, elle j'éleuc, ne peut
enfin plus reſiſter à là peſanteur qui
ſe rend victorieuſe, & qui force la
Bombe a deſcendre, cette cauſe qui
luy empeſche de continuer a s'elever,
ne l'empeſche pas de continuer ſon
progrés de *AC*, vers *DE*.

Toute maniere d'eſtre, qui n'é
prouve pas un obſtacle invincible à
perſeverer, perſevere. Le progrez
horizontal continuera donc, quand
la montéé ſera finie, tout comme il
auroit continué, ſi deux cauſes di-
ſtinctes & ſeparées avoient l'une travaillé uniquement a élever la Bombe
de la hauteur *AC*, & l'autre a l'a-
vancer de la longueur *AF*.

Si de ces deux forces il étoit re-
ſulté que la Bombe parviendroit en
B; D'un mouvement de deſcente
BF & d'un progrés horizontal, comme le précedent, il reſulteroit auſſi
que

que la Bombe tomberoit en *E.*

C'eſt un cas ſemblable a celuy du mobile ſur un Rectangle, le quel Rectangle parcourt luy même la Table. F. 33.

Si ce qui ſe conſume de la force de la poudre à éleuer la Bombe, ne l'euſt éleuée, qu'a la hauteur *Ac* au cas que cette portion de force, eût agi ſeule, ſuivant cette direction, & que l'autre portion de la force, a-giſſant auſſi ſeule, n'eût fait avancer la Bombe que de la longueur *AF,* dans le même temps, Mais que ces deux forces réunies, luy cuſſent donné une quantité de mouve-ment ſuffiſante, par la faire par-venir en *B.* une force de deſcente égale à la premiere; & une impul-ſion horizontale; égale a la ſecon-de, porteroient la Bombe en *E* en telle ſorte que la corde *BE* de la pa-rabole deſcendante fut égale a la corde *AB* de la parabole aſcendan-te.

Et puiſque. A c A f:: *AC. AF.* les cotés *AC. AF,* pouront toujours être regardés (dans cette ſeconde hy-potheſe, de même que dans la pre-

P 2   miere)

miere) Commee les mesures du mouvement de montéé, & du mouvement horizontal Les rapports seront
toujours aussi exactement marqués,
& ce que l'on en conclura sur le
chemin de la bombe se trouvera
toujours exactement vrai, soit qu'on
face le calcul sur Ac & Af, on sur
AC & AF.

On appelle AB. a Bc. b AC. c.

Si AB est parcouruë d'un mouvement uniforme par une vitesse Va.
Pour parcourir dans le même temps
BC. (b) avec une Vitesse. Vx. Il
s'agit de determiner la hauteur x,
d'où un corps tombant auroit pour
vitesse Vx, de même que celuy qui
tomberoit de a, auroit pour Vitesse
acquise Va.

On fait. a. b :: V a. Vx.

Donc $aVx = bVa$ & Vx $\dfrac{bVa}{a} =$

$\dfrac{Vbba}{a}$ & x $= \dfrac{bba}{aa} = \dfrac{bb}{a}$.

Il en est ainsi du reste des calculs.

J'ay donc par le moyen de ces
proportions qui sont justes, les longueurs multipliéés de a & de b qui
est ce que je cherche.

Quand

Quand même le mouvement qui decrit *AC* feroit le refultat de 2 autres, dont l'un ne decriroit qu'une partie de *AB*, & l'autre qu'une partie de *AL* = *BC*. pourvû que ces parties fuffant proportionnelles à *AB* & a *BC*. Je pourois toûjours exprimer ces parties par leurs longueurs proportionnelles *AB* & *BC*, & ma regle de proportion auroit le même fucces.

Je raffemblerai encore en peu de mots, l'Etat de cette Queftion & le précis des difficultés qui l'ont fait décider differemment.

Le Mobile *A* eft pouffé fuivant la direction *AB* par une force, & par une autre fuivant la direction *AP*. & comme le premier de ces chocs luy feroit parcourir *AB* dans une minute, le fecond, luy feroit auffi parcourir *AP*, dans le même remps, s'ils êtoient feuls.

Si par la réunion de chocs *LA*, *MA*, en *A* il feperd une partie de leurs fôrces, pourquoy dira-t-on que dans une minute, le Mobile *A* avancera autant du côté de *C* qu'il auroit fait par le feul choc *LA* & autant du

côté

côté de *D*, qu'il auroit fait par le feul choc *m A*.

S'il ne fe perd rien, & fi la force de ces deux impreffions fe conferue toute entiere, pourquoy ne dire pas, Par l'un des chocs, il eft determiné a s'eloigner de *A* de 3. mefures, par exemple; Par l'autre, il eft determiné a s'eloigner de 4. Donc par es les deux enfemble, il s'eloignera de 7.

Et comme ce mouvement dont la quantité, eft de 7 degrés, ne fe fera, ni fur *AP* ni fur *AB*, il fefera fur une 3e. ligne inclinéé fur *AP*, plus que fur *AB* àproportion que la raifon fuivant *AP* eft plus forte que la raifon fuivant *AB*.

Qu'on partage AF en deux parties, qui foient entr'elles comme *AP* eft a *AB*, & qu'on appelle la premiere de ces parties *q*. le corps *n* fe trouvera pouffé par le corps *A* dans la direction *BF*, prolongéé d'un choc, dont la quantite feroit $A \times q$. Aprês le choc la viteffe commune feroit $\frac{Aq}{A+n}$ & c.

Si on appelle la ligne *AP*. *q*. Dans L'hyl'hypothese commune, le corps *n* sera poussé par *A* avec une force dont la quantité sera *Aq*, & la vitesse commune aprés le choc sera $\frac{Aq}{A+n}$. La même formule peut servir aux deux cas.

Si A $=$ n. la vitesse aprés le choc sera $\frac{1q}{1+1} = \frac{q}{2} = \frac{AP}{2}$ dans cette hypothese.

Une boule. A, a fait le chemin *BC*, dans une minute, poussée par un seul *mobile D*, suivant la Direction *BC*. Sa quantité de mouvement ne se designera-t-elle pas, par *Bc* x *A*. Cependanc si on luy fait choquer la boule *F* par un mouvement dont l'expression soit *Ec* x *A*, & une autre boule *G*, par un mouvement dont l'expression soit *Ho* x *A*, & que les mouvemens des boules *F* & *G* deviennent conformes a de tels chocs; Trouvera-t-on du rapport entre la cause qui n'est que *Ac* x *A*, & les effets tels que les produitoit *Ec* x *A* † *Ho* x *A*.

Or dans le Systême des Causes Occasionnelles, tout comme dans celuy

luy

luy des caufes récelles, n'etoit'il pas
de la fageffe de Dien de mettre con-
ftamment & exactement de la proportion entre les Effets & leurs caufes foit réelles, foit apparentes. Il
femble dont que cette matiere a encore befoin de quelque attention.

Voici encore des chocs qui en meritent une particuliere.

Fig.46.   Si la boule *A* fe meut d'une viteffe à parcourir, dans une minute,
cm, *cb*+*cd*. Il n'y à aucun doute
felon une des hypothefes qu'elle ne
pouffe fuivant la direction *cd*, l'obftacle qu'elle rencontrera d'une force
dont *cd* fera la mefure, j'en dis autant de la direction *cb*.

Selon l'autre hypothefe les efforts
cb cd, feront tels que je viens de
dire, quand même la viteffe de la
boule *A* ne luy feroit parcourir dans
une minute qu'une Diagonale *Co*,
partie de *cm*.

Fig.46.   Les boules *B* & *C* font donc pouf-
fées par la boule *A*, en telle forte
que *C* $=$ *A*, deura s'avancer aprês le
choc avec une viteffe $\frac{cd}{2}$ & la boule

B avec la viteffe $\frac{cb}{2}$.   II

Il reſtera donc à la boule *A*, la moitié de ſaviteſſe puiſque elle n'aura donné a chacune des boules *B* & *C*, qu'elle heurte obliquement, que la moité d'une de ſes moitiés.

Si 2 boules *B* & *c*, qui ſe meuvent ſuivanr les directions *ch ei*, rencontrent la boule *D*, elles la pouſſeront ſuivant la ½ des viteſſes *eg ei*, d'on reſultera en *D* une viteſſe, ſuivant la direction *DD* égale $\frac{eg + ei}{2} =$ *eg*, ou *ei*.

Dês là ce ſera une neceſſité que les boules *B* & *C* changent leurs directions *ch ei* pour prendre les directions *ep*.

Mais *B* ayant la force *ef* entiere, & la moitré de la force *eg*, n'aura qué les ¼ de la force de la viteſſe qu'elle avoit receuë de *A*. J'en dis autant de la boule *C*.

Ni L'une ni l'autre de ces boules n'avancera donc, comme elle auroit avancé, ſans la rencontre de la boule *D*, & leur mouvement retardé, retardera, par conſequent celuy du mobile *A* qui fera ſur ces boules une impreſſion nouvelle, & elles derechef ſur *D*. Cet-

Fig. 47.

Cette conclusion oblige à repasser sur le reusonnement que je viens de faire

Fig. 47. Dans le cas de la Fig. 47. au moment précis que *A*. agit sur *B* & *C*, *B* & *C* agissent sur *D*. Il est donc tres simple & tres naturel de concevoir que le Mobile *A* agit sur le *B. C. D.* (sur les 3 parties des quelles il fait impression en même temps) d'une telle maniere que sur chacune des boules égales. *B. C. D.* passe le $\frac{1}{4}$ de sa vitesse; De sorte que *A* & *D*, après le choc, s'avancent l'une & l'autre, sur la direction *D* avec le $\frac{1}{4}$ de la vitesse que *A* seule avoit avant le choc, les boules *B* & *C*, avancent chamme sur les axes & directions *ib. ei* avec une vitesse égale a celle. de *A* qui ayant gardé le $\frac{1}{2}$ de sa vitesse, se porte aussi de *e* en *b*, & de *c* en *d* avec la $\frac{1}{2}$ de la vitesse avec, la-quelle, elle s'y portoit avant que d'avoir rencontré aucun obstacle.

Dans la fig. 49. Que *B c D* represente un corps parfaitement solide, dont les parties *B c D.* soient liées au trois points de contact.

La

La boule solide *A* tombe sur cette masse, suivant la direction *en*.

Le partie *B* ne peut pas suivre la direction *bb* & la partie *C* la direction *di*; Si on foit *eg* parallele a *en*, & qu'on achene le rectangle *veyb*. le mouvement sur *en* se perdra, & il s'en perdra autant dans la boule *C*, ce qui montera a 2*cv*.

L'Impreffion *xg* etant oblique sur la boule *D*. & cette boule recevant auffi de *C* un choc oblique, & contraire en un fens, à celuy de *B*, il fe petdroit encore dans la boule *D*, la valeur de 2*B†c*.

Il feperdroit donc, par rapport a la Direction fur *en*. ou par rapport aux directions paralleles à *en*, tout autant de mouvement, que s'il etoit paffé dans des mobiles égaux, chacun à une boule *A*, & qui cuffent parcouru les longueurs 2*en† Bπ*.

Donc au lien que *A* auroit parcouru dans 1*T*, une longueur, *eo* = *eq* = *πn*. Avec toute la quantite de mouvement, qui par le choc s'eft diftribué, fur plufieurs mobiles, égaux chacun à *A*, il feparcourt, *eo* †*πn* †2*eg* (= 4*eo*) †2*eo* †2*πB* (= 4*eo*.) —— P 6 —— Donc

Donc $co. 4eo \dagger 4eo :: 1T.$

$$\frac{4\,co \times 4eo}{co}\ T.$$

Et la premiere Vitesse du mobile *A*, est a sa vitesse après le choc, comme $4co \times 4eo\ T.\ 1T.$

Ce cas pourroit auroit lieu, lors que des quantités de mouvement dont $4co$ seroient les mesures, se consumeroient en ployement & Tremoussement de parties.

Si l'on veut que tout le mouvement se determine, suivant la direction sur la qu'elle, il peut continuer sans qu'il s'en perde quoyque ce soit en efforts inutiles. On conceura que le mobile *A* frappe les boules *B* & *C*. suivant les directions *a b* & *cd*. Comme de leur côté *B* & *C* poussent *D*. suivant les directions paralleles a la direction *a b b m*.

Les Directions *ce*, *cd* egalement eloignées de la direction *a b*, par *b* centre de gravité des deux parties *B* & *C* poussent la masse *B c*, comme si le choc tomboit immediatement sur *b*; Par la même raison les impressions *efi*, *dgk* agissent sur *D*, comme feroit l'impression *abb*; qui passeroit par son centre *m*.   La

La maſſe *ABCD*, aprês le choc, s'avancera donc ſuivant la ditection *a b b m*, & ſes paralleles ; & la viteſſe de chaqne partie *A B. C D.* aprês le choc ſera à la viteſſe du mobile *A*, auant le choc. Comme 1 à 4.

On pourroit faire avec des boules a reſſort des experiences, des quelles, aprês les compenſations neceſſaires, on tireroit des concluſions propres a répandre du jour ſur les effets, que les chocs doivent avoir immediatament & par eux mêmes.

Mais pour raiſonner ſur de tels cas & en tirer des conſequences il faut premierement avoir expliqué, la nature & les cauſes des chocs des Corps à Reſſort.

Si dans la ſuitte on écit ſur la *PESANTEUR* il ne ſera par difficile d'expliquer pluſieurs Phénomenes qui paroiſſent contraires à l'hypotheſe nouvelle, que l'on vient de propoſer.

Le Syſteme de M. Neuton ne la renverſe point. Il n'y qu'a ſuppoſer que deux cauſes agiſſent en même temps & continuellement ſur

un corps qui circule , l'une qui le
porte fuivant la direction de la Tan-
geurer de la courbe ; l'autre qui en
même temps , & fans l'abandonner
jamais , retire le mobile , ou le pouſſe
vers un certain centre. De la Simul-
taneité de ces deux mouvemens
diſtincts qui agiſſent ſans ceſſe ſur le
Mobile , il reſulte quil décrira préciſement une Diagonale.

Depuis cét Ouvrage achevé on
m'a propoſé cette objection.   Deux
Mobiles d'une force égale ſe rencontrent à plomb par des directions préciſément contraires.   Qu'on appelle
le mouvement de ce luy qui ſe porte
vers l'Occident + a. Il faudra par conſequent , deſiquer le mouvement de
ſon Antagoniſte qui ſe porte vers
l'orient. —— a.

Des que ces deux Mobiles ſe
ſeroient rencontrés ; Leurs mouvemens ſeroient

+ a. —— a C'eſt à dire *Zero* Les
voilà donc reciproquement détruits.

Je repons que ce ſont là des Sig-
ner arbitraires , qu'il faut varier
& combiner conſequemment à la
nature des choſes.   Suppoſé que de
tels

tels mouvemens de détruisent, on aura raison de conclurre $+$ a $=$ o

Mais si chaque mobile rebrousse,
L'oriental qui étoit marqué par
$+$ a, rebrouslant vers l'orient se de-
signera par — a ; & l'autre, qui
se jettera du côté d'occident, sera
de signé par $+$ *a*. Il y aura donc,
comme auparavaut $+$ *a*. — *a*, d'autant plus que le signe — *a* appliqué
au mouvement qui tend vers l'orient,
dénote un objet aussi positif que le
signe $+$ a.

La maniere dans on exprimera le
resultat & les suittes du choc, ne se
décidera par ces signes ; Mais l'usage
qu'on en fera doit se regler par la
Question même, & par sa juste
décision.

F I N.

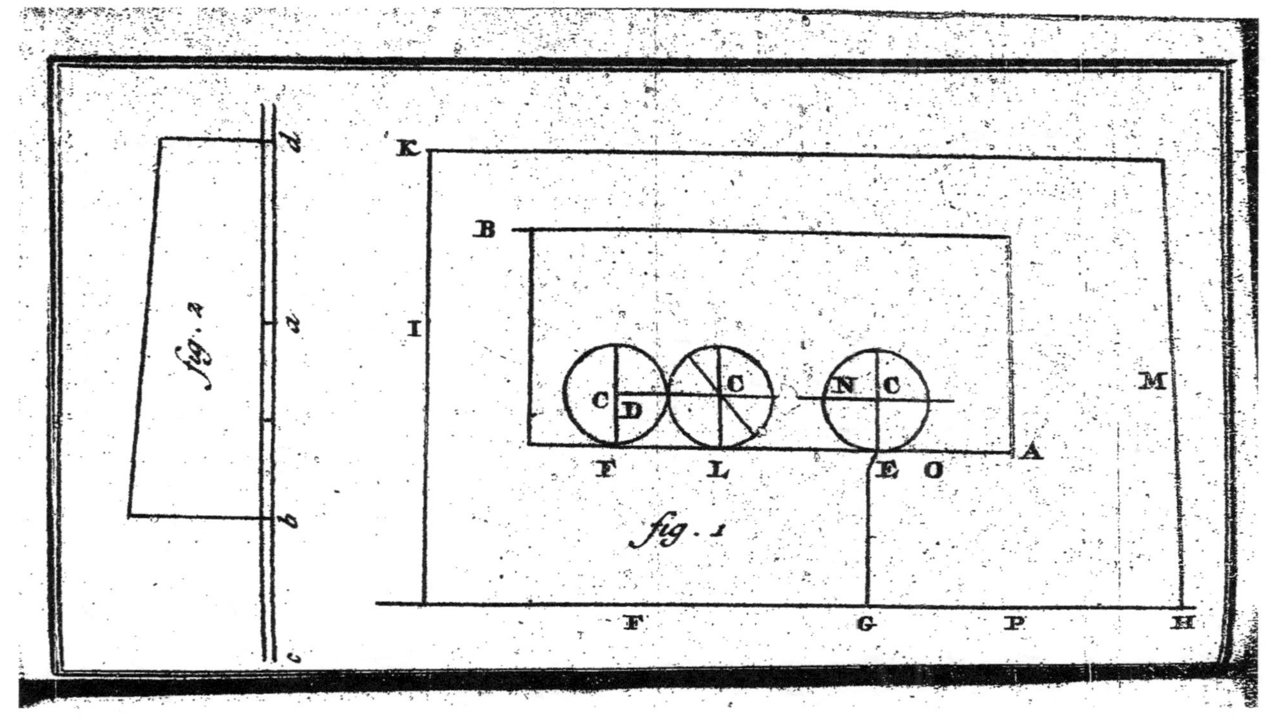

fig. 2
d
a
b
c
fig. 1
K
B
I
M
N C
C
C D
A
F
L
E O
F
G
P
H

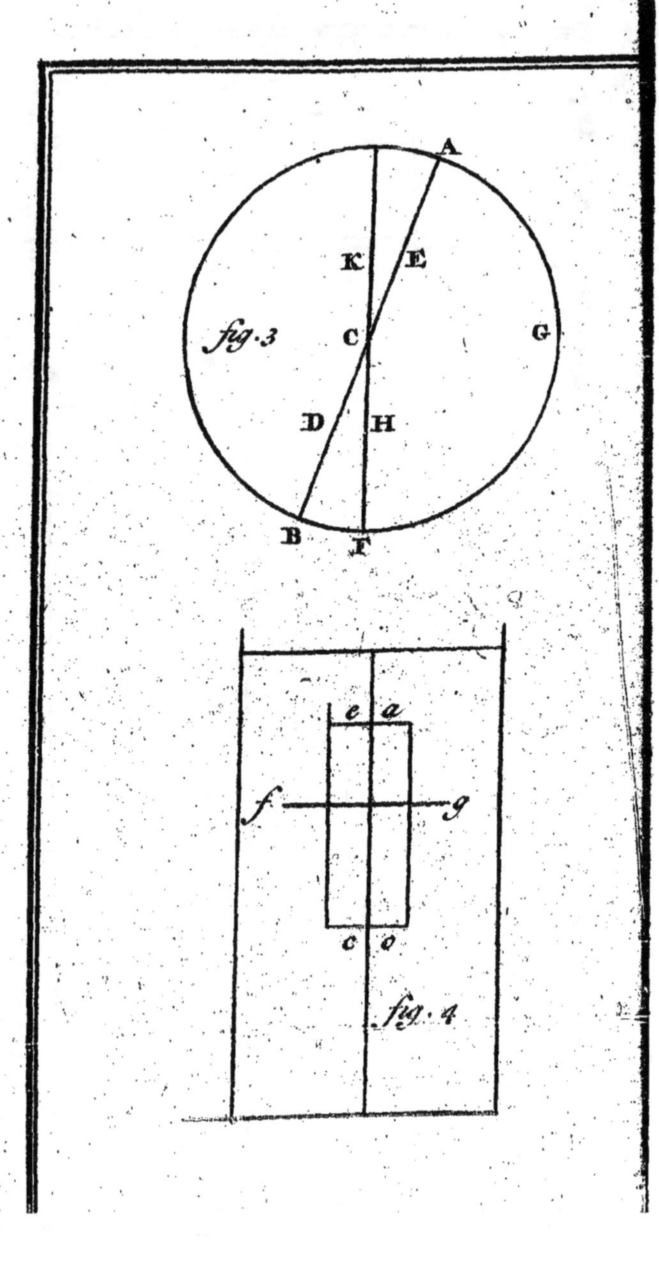

A
K
E
fig.3
C
G
D
H
B
F
e
a
f
g
c
o
fig.4

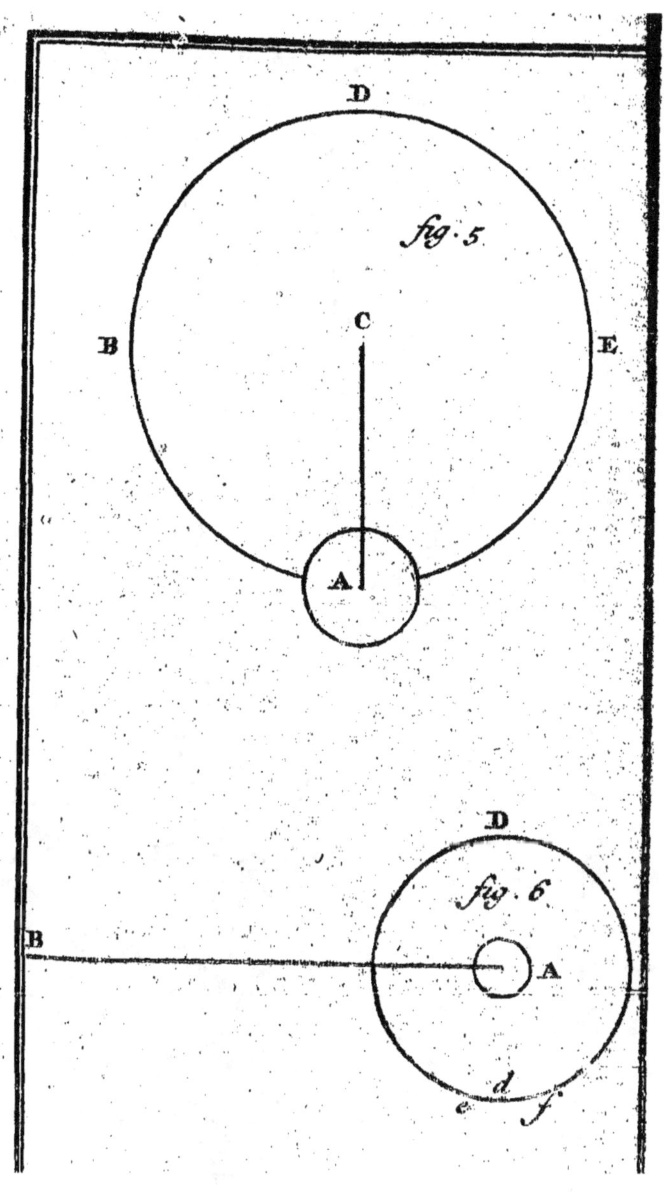

D
fig. 5
B
C
E
A
D
fig. 6
B
A
d
e
f

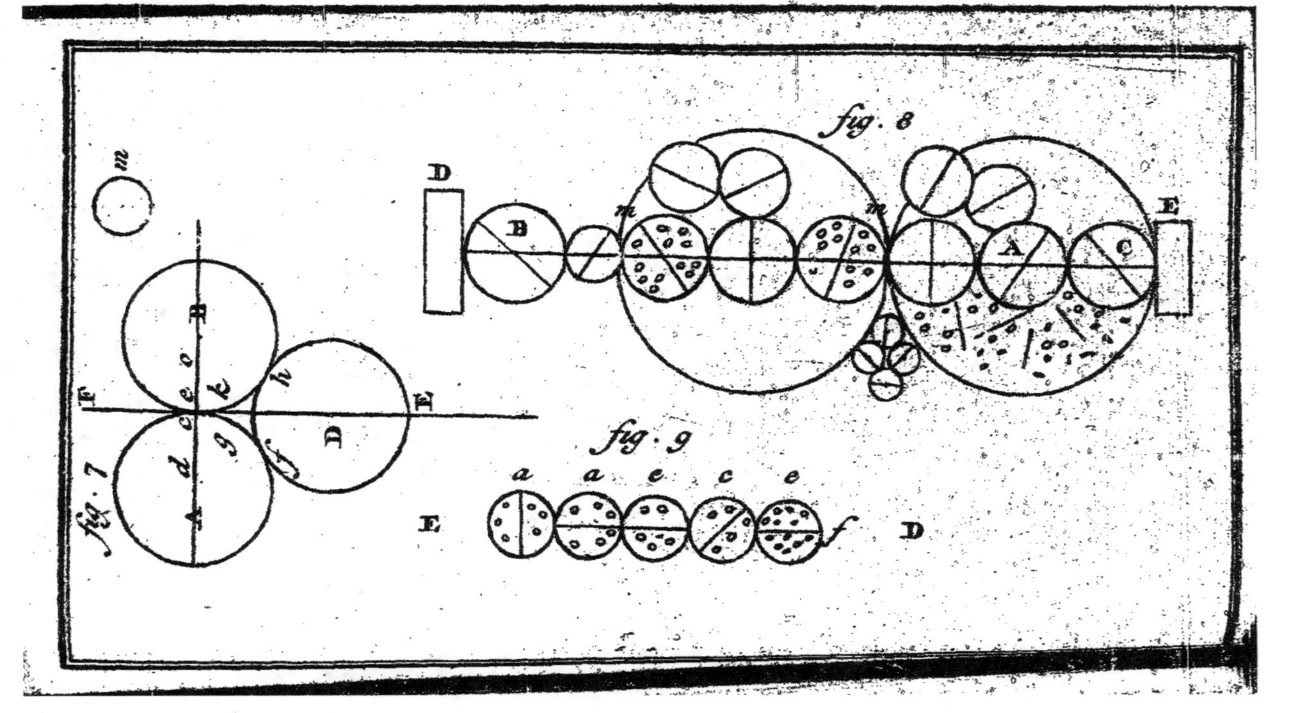

fig. 7
F
m
A d c e o B
g k
f h
D
E
fig. 8
D
B
m
m
A
C
E
fig. 9
a a c e
E
f
D

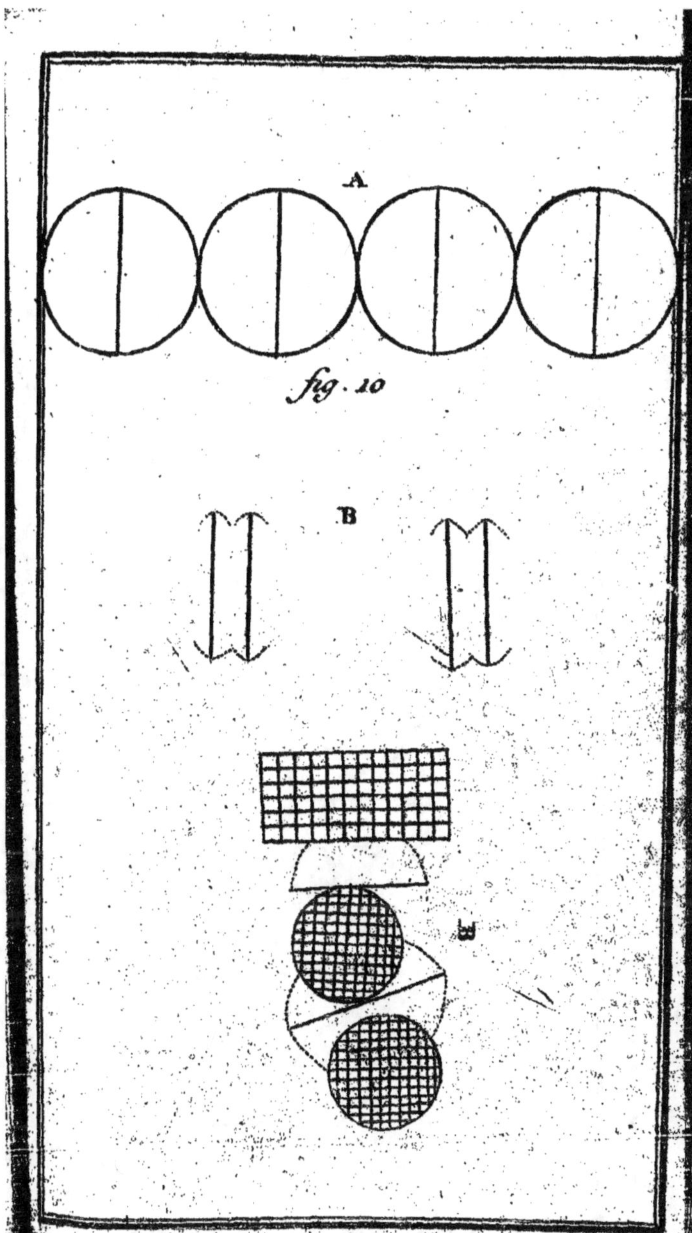

A
fig. 10
B
E

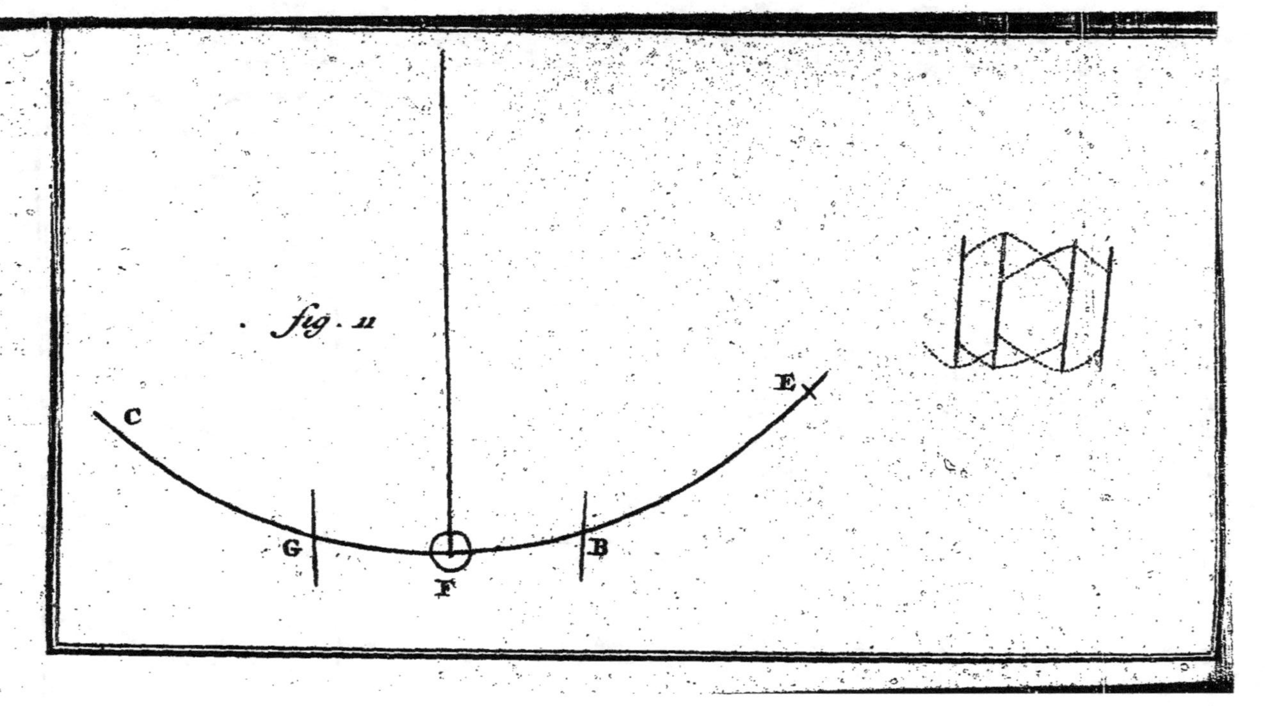
fig. 11
C
G
F
B
E

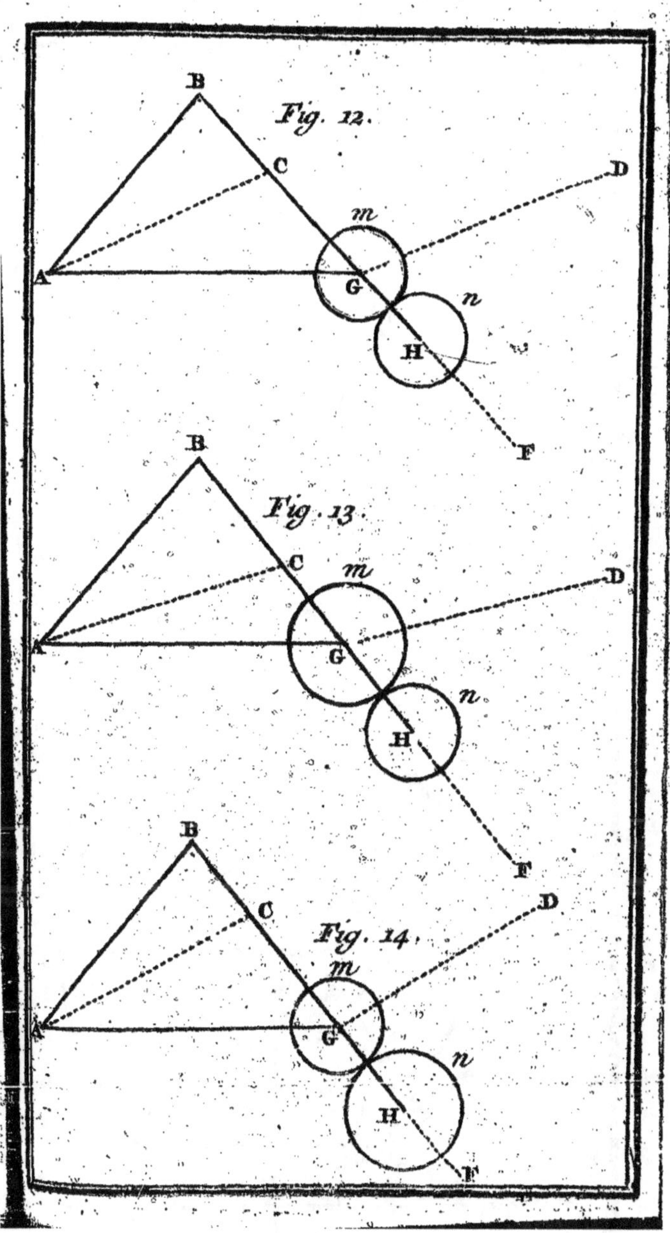

Fig. 12.

Fig. 13.

Fig. 14.

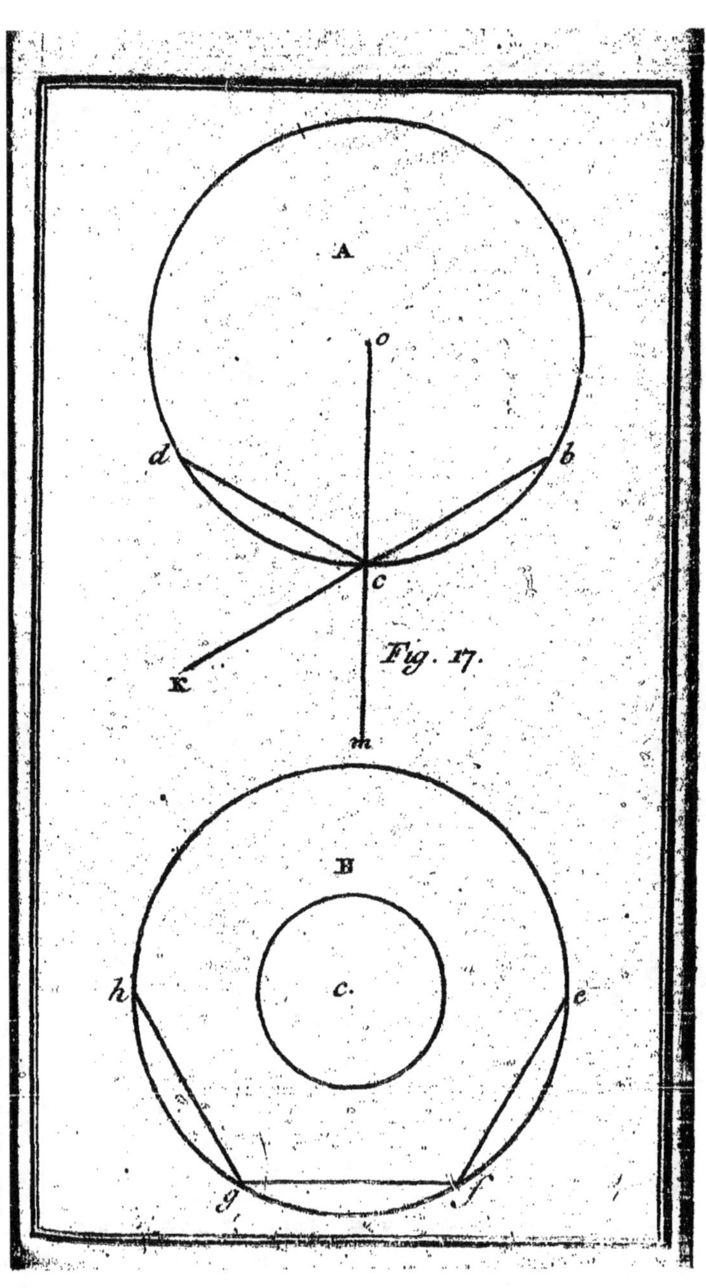

A
o
d
b
c
K
Fig. 17.
m
B
h
e
c.
g
f

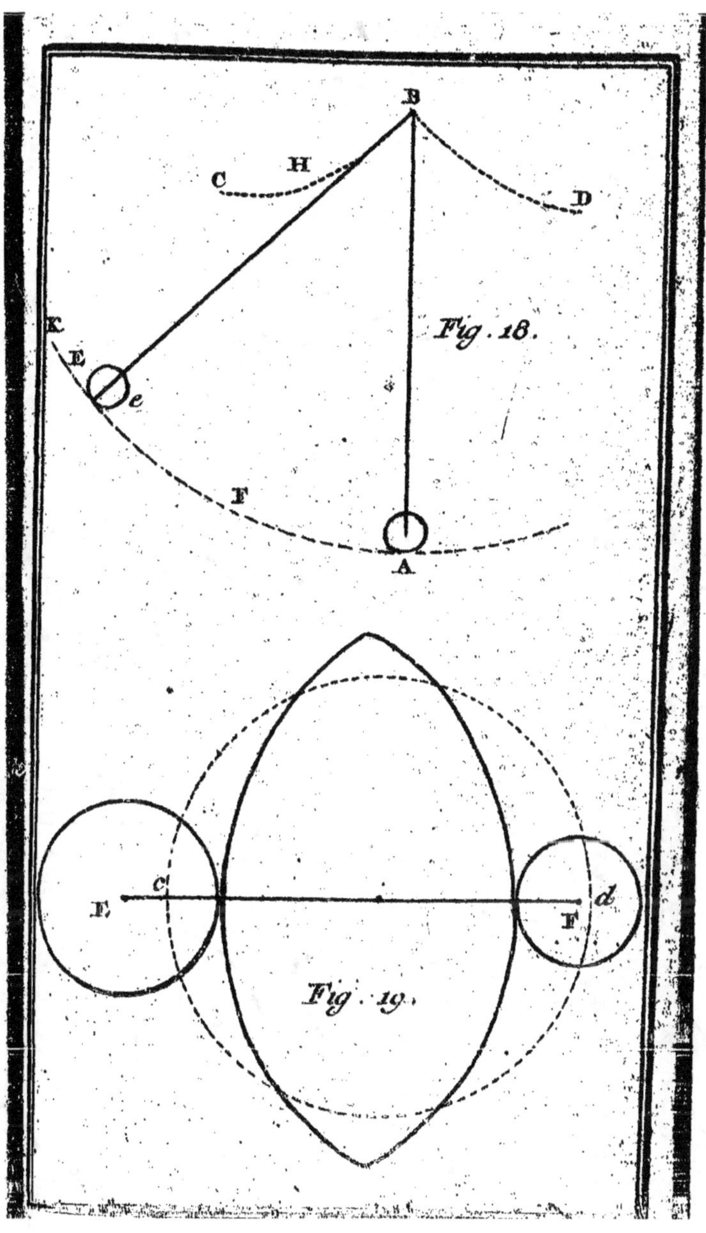

Fig. 18.

Fig. 19.

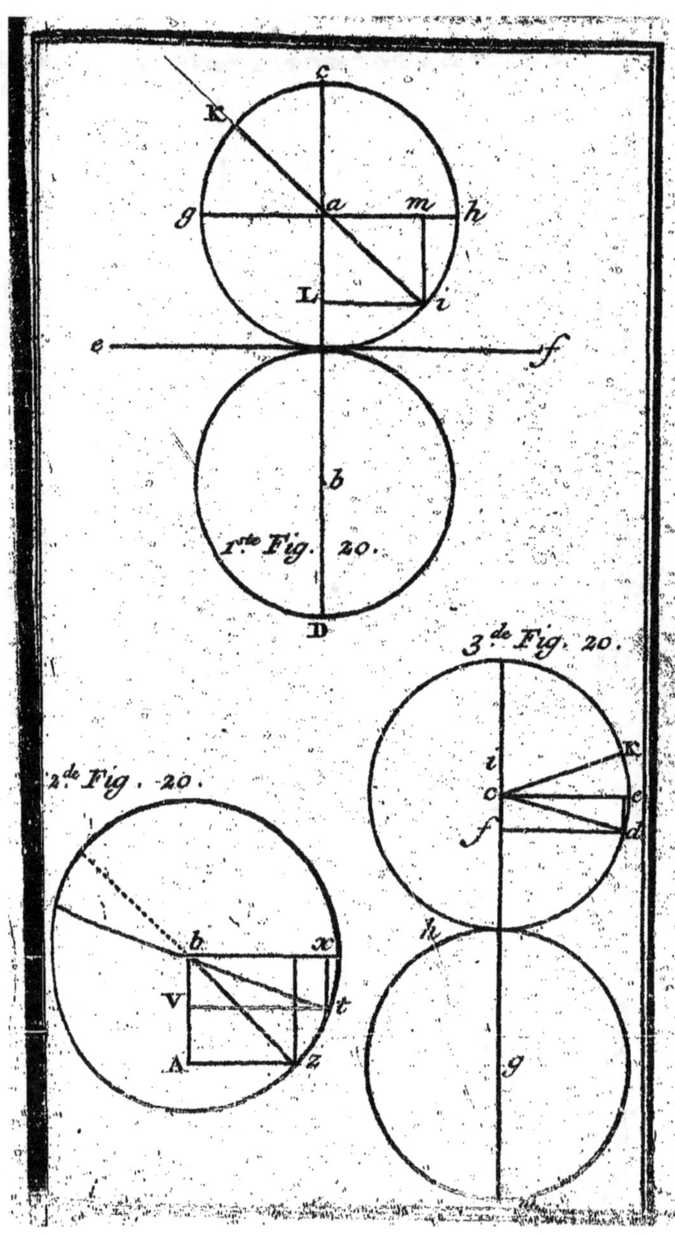

c
K
g a m h
L i
e f
b
1ste Fig. 20.
D
3.de Fig. 20.
2.de Fig. 20.
i K
o e
f d
b x
V t
A z
h
g

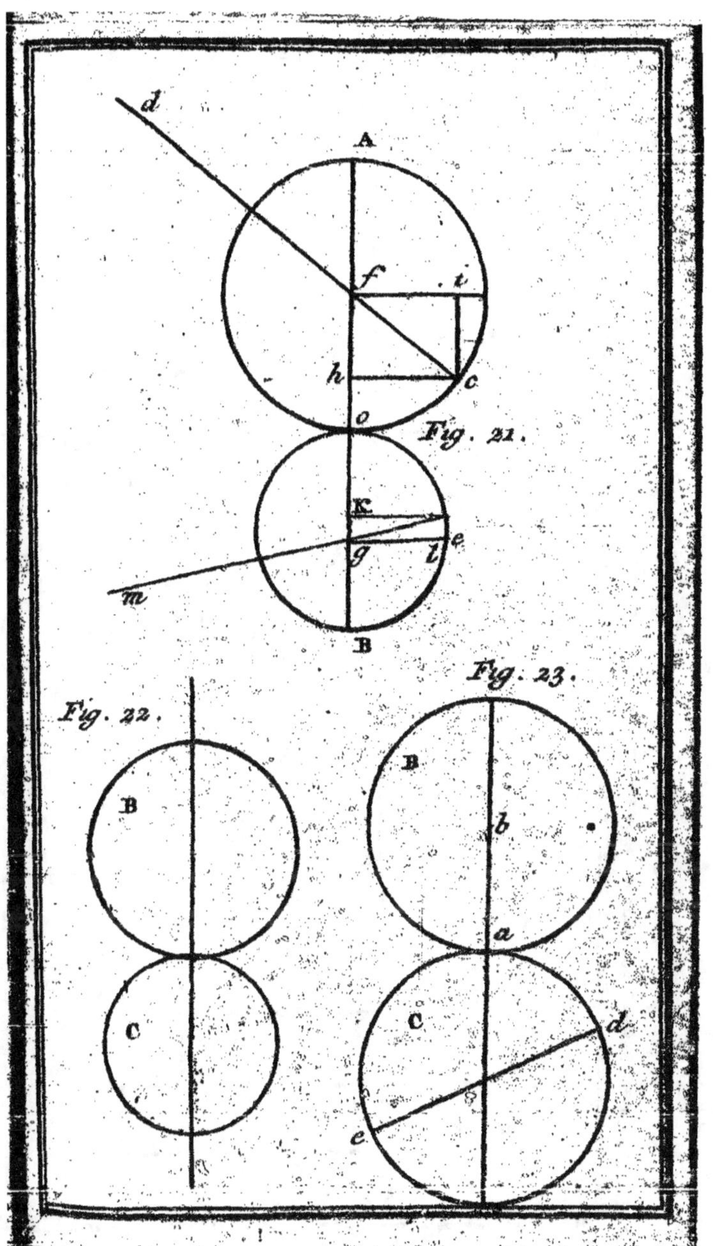

d
A
f
t
h
c
o
Fig. 21.
K
g
t
e
m
B
Fig. 22.
B
C
Fig. 23.
B
b
a
C
d
e

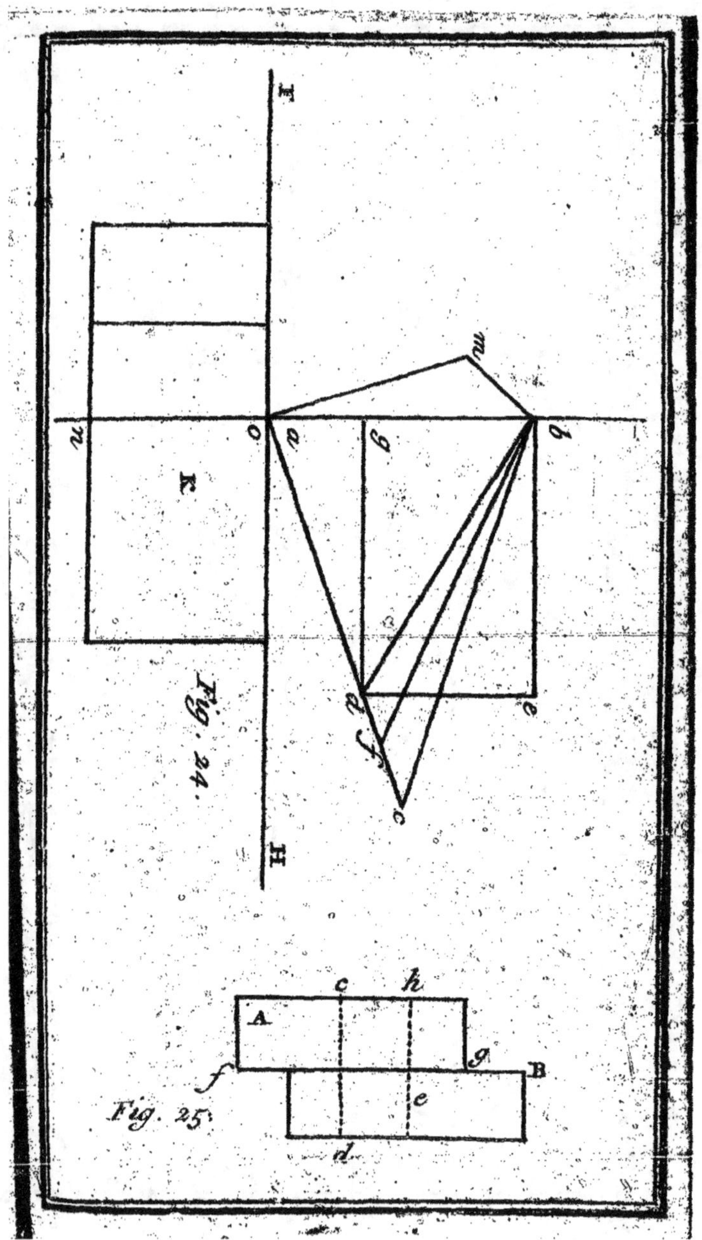

Fig. 24.
Fig. 25.

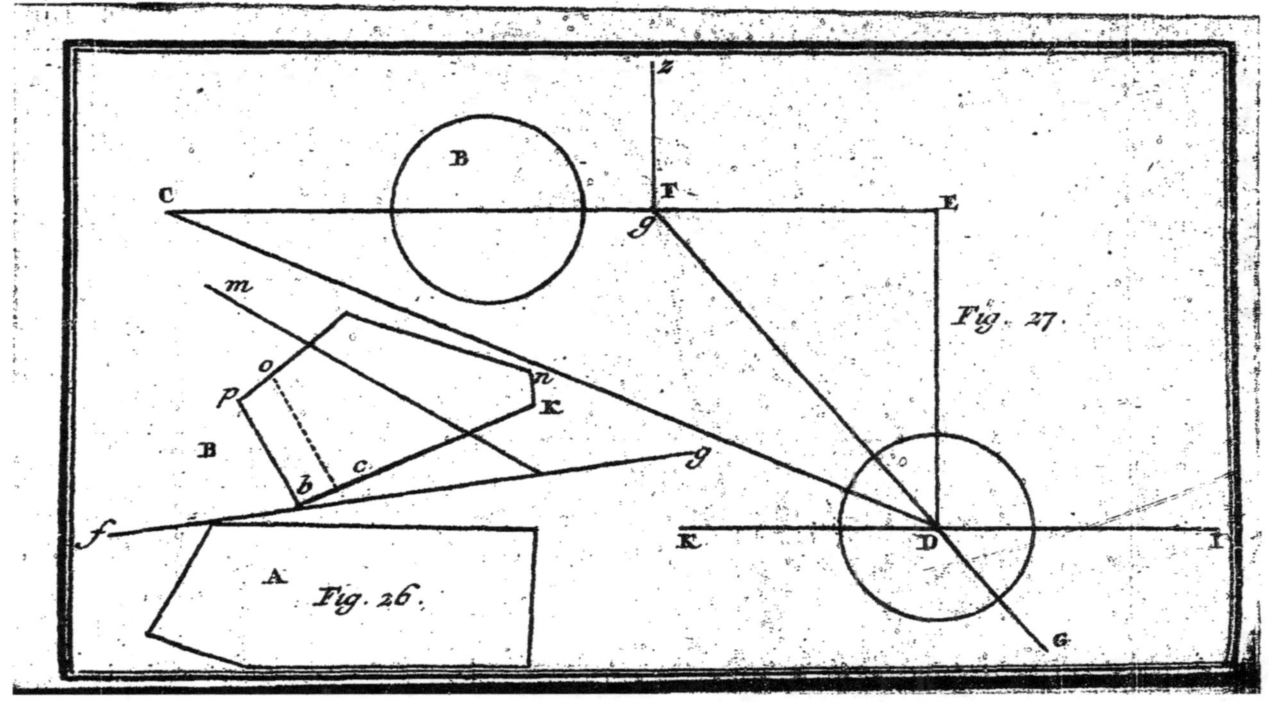
B
C
z
T
g
E
m
Fig. 27.
o
p
n
B
K
b
c
g
f
K
D
I
A
Fig. 26.
G

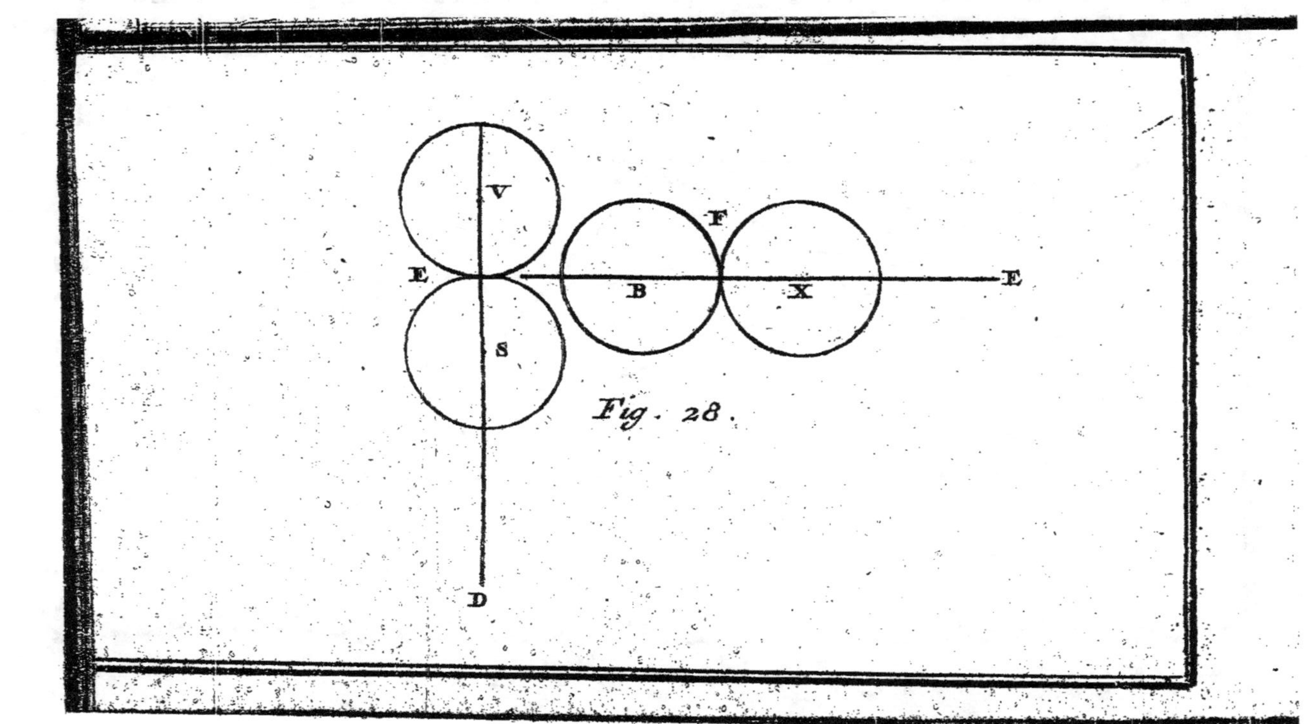

Fig. 28.

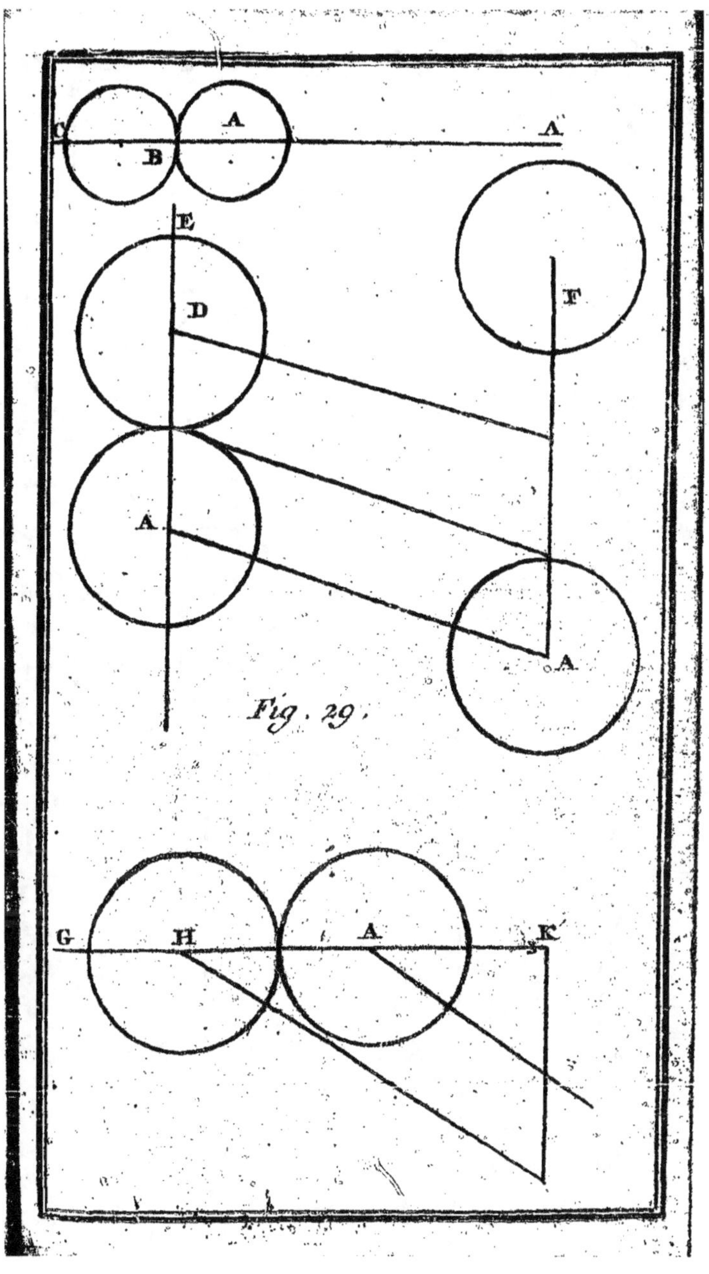

C
B
A
A
E
D
F
A
A
A
Fig. 29.
G
H
A
K

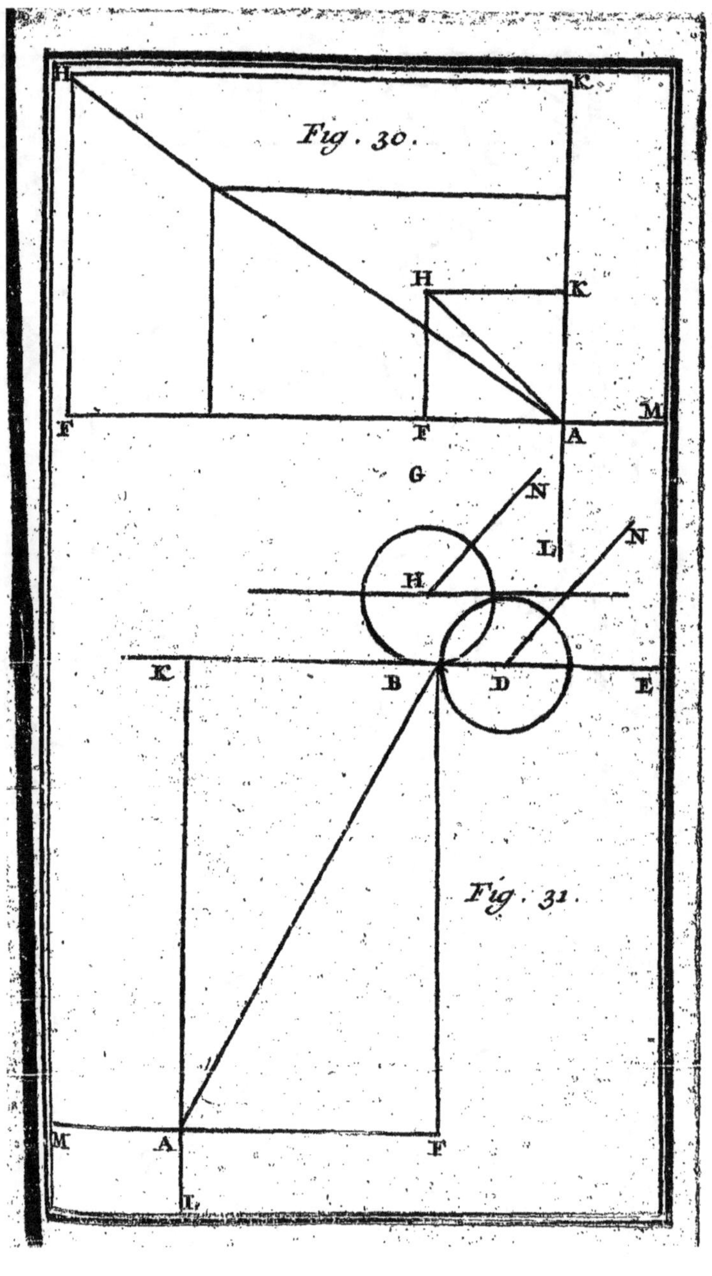

Fig . 30 .
Fig . 31 .

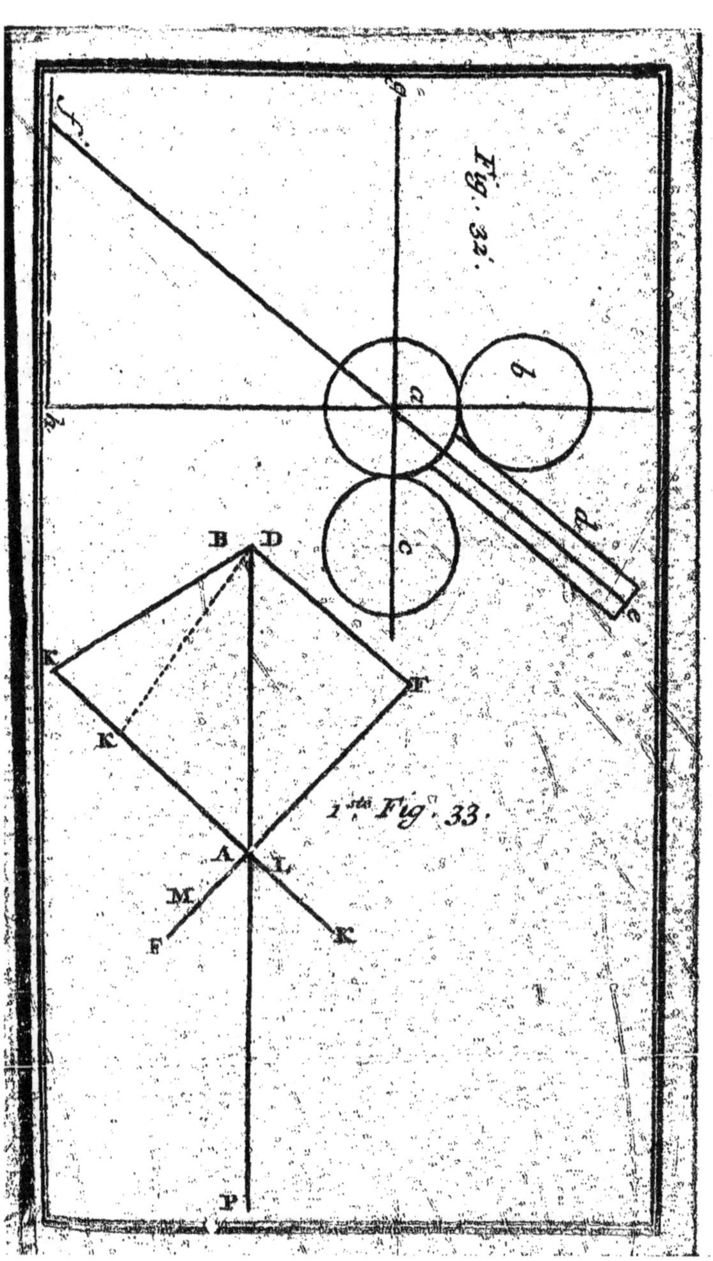

Fig. 32.
1.sta Fig. 33.

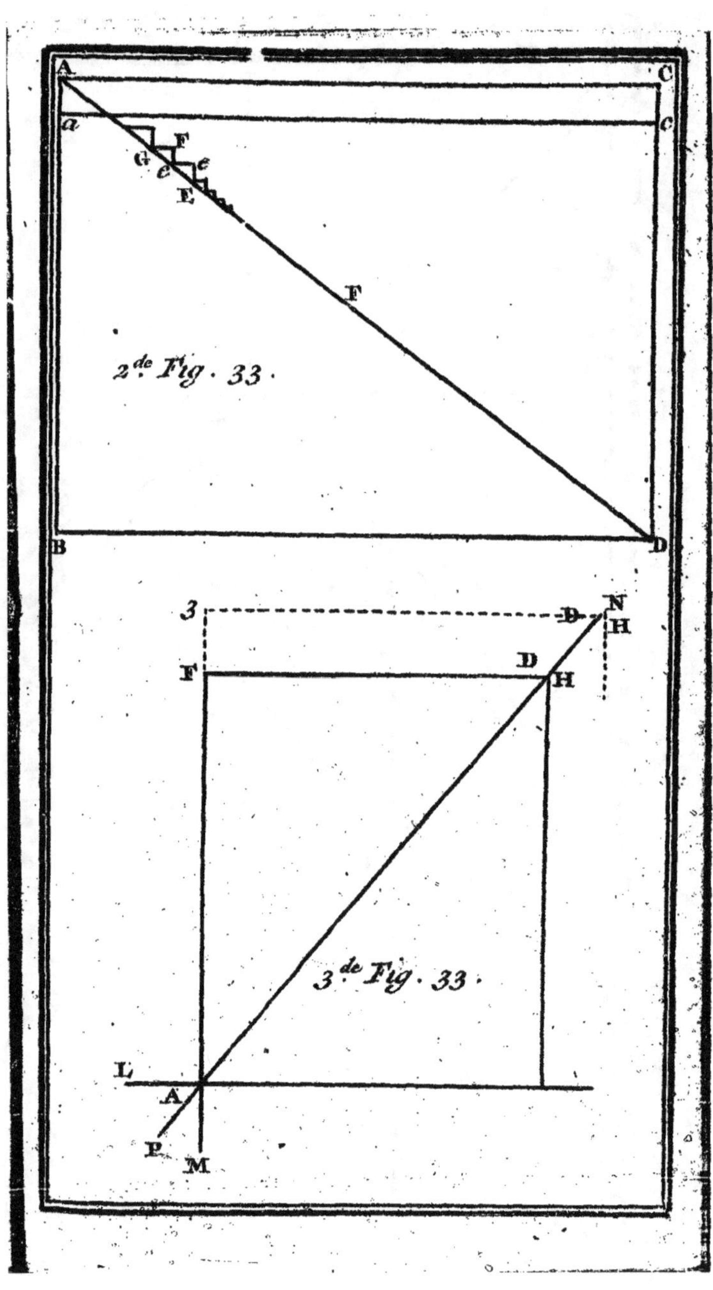
A
C
a
c
F
G
e
e
E
F
2.de Fig. 33.
B
D
3
N
H
F
D
H
H
3.de Fig. 33.
L
A
P
M

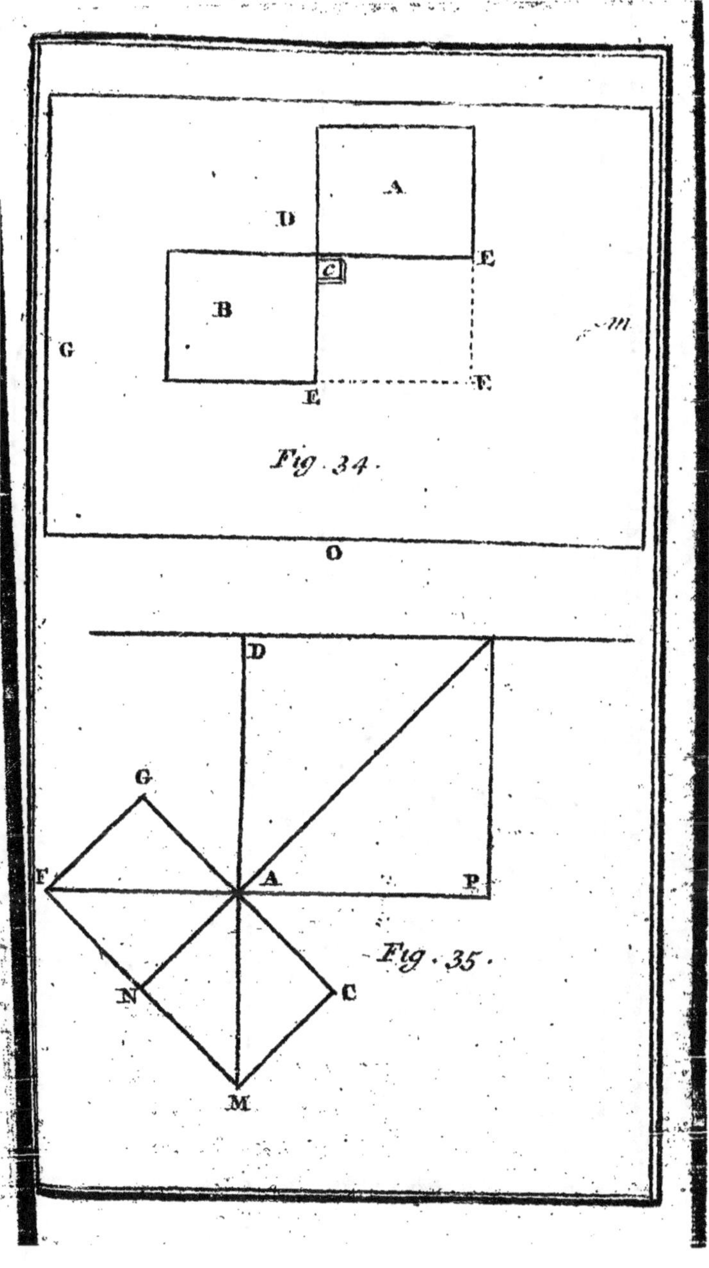

A
D
C
B
E
E
F
G
m
Fig. 34.
O
D
G
F
A
P
N
C
M
Fig. 35.

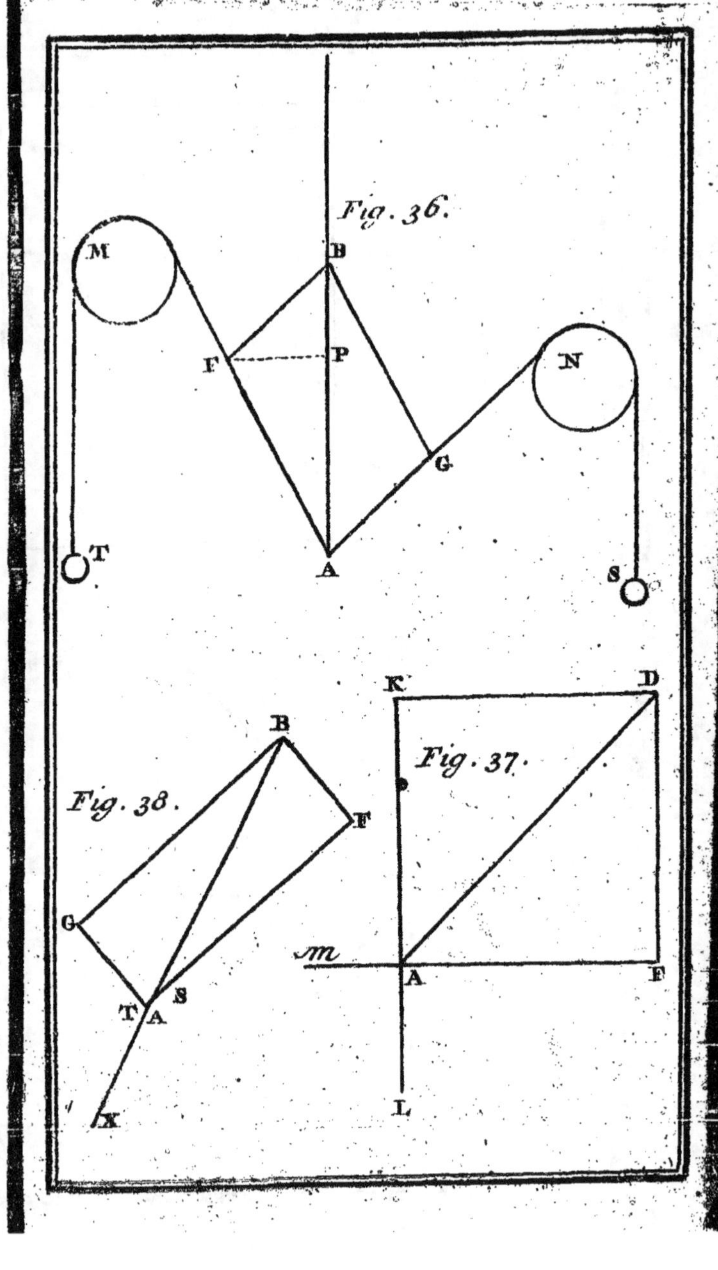

Fig. 36.
M
B
F P
N
G
T
A
S
K
D
B
F
Fig. 38.
Fig. 37.
G
m
A
F
T A
S
X
L

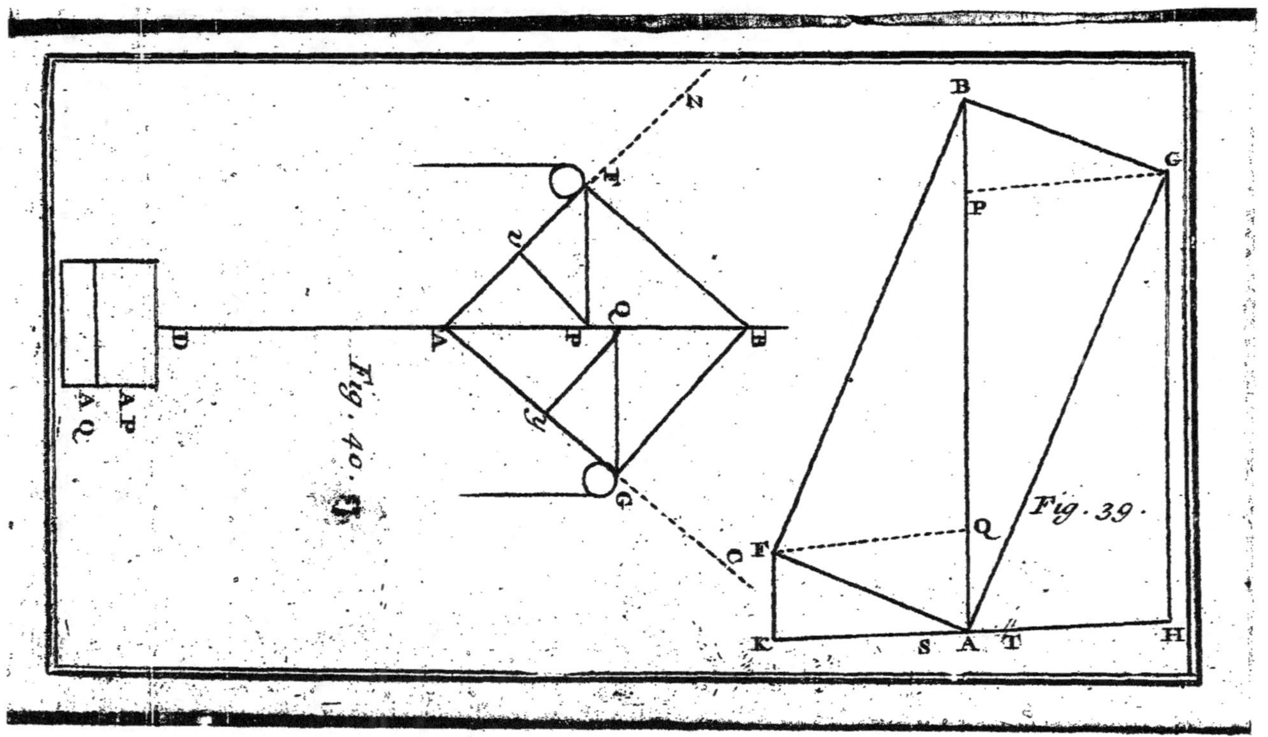

Fig. 40.
Fig. 39.

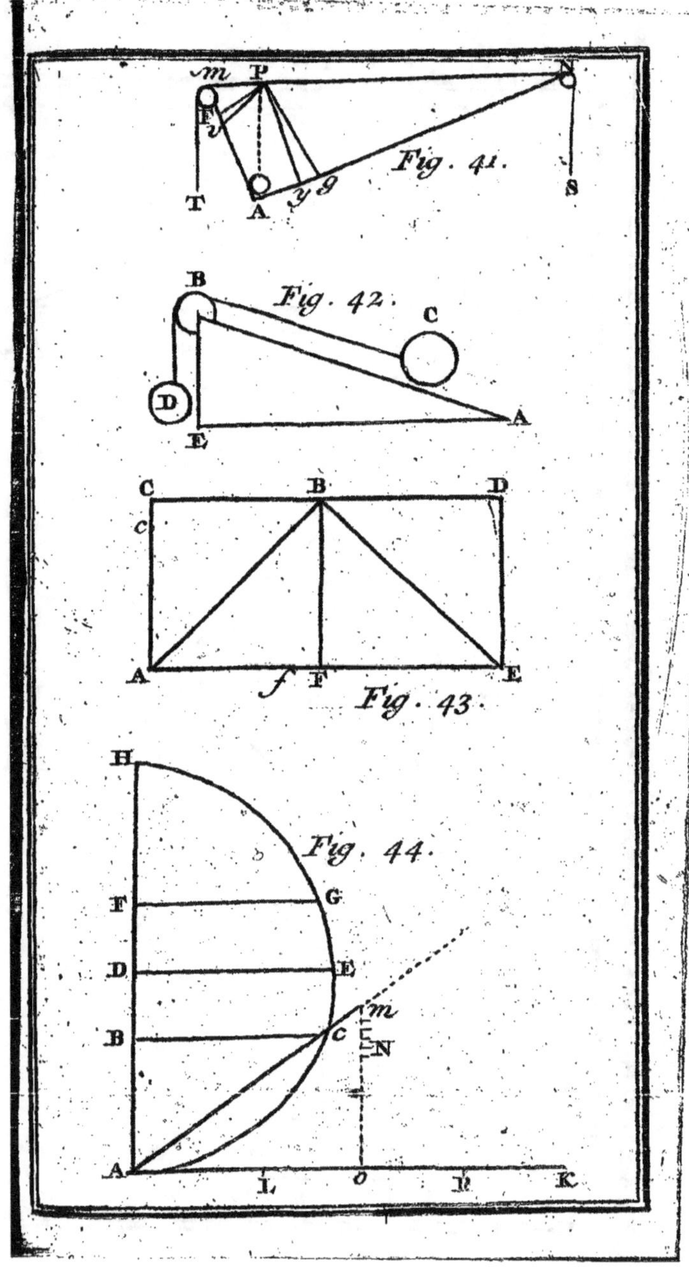

m
P
N
v
T
A
y g
Fig. 41.
S
B
Fig. 42
C
D
E
A
C
c
B
D
A
f
F
E
Fig. 43
H
Fig. 44.
F
G
D
E
B
c
m
N
A
L
o
R
K

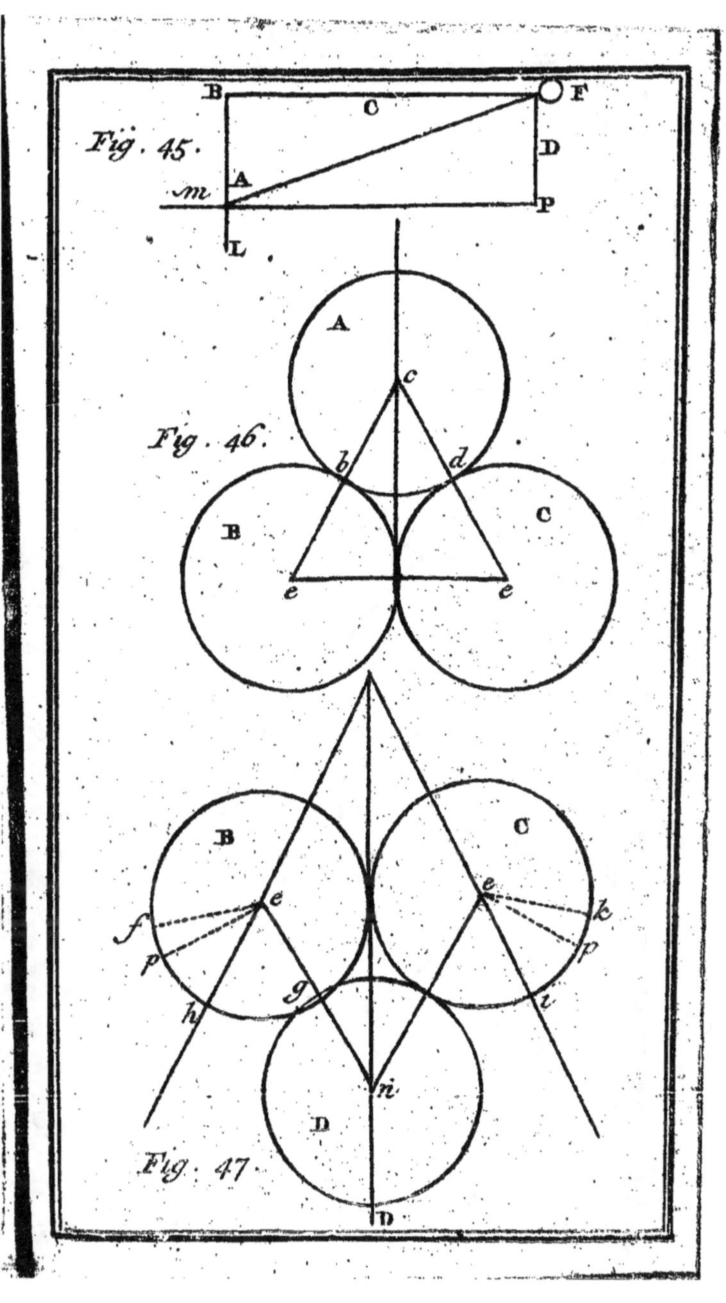

Fig. 45.
B
C
F
D
A
m
P
L
Fig. 46.
A
c
b
d
B
C
e
e
B
C
e
e
f
k
p
p
g
h
i
D
n
Fig. 47.
D

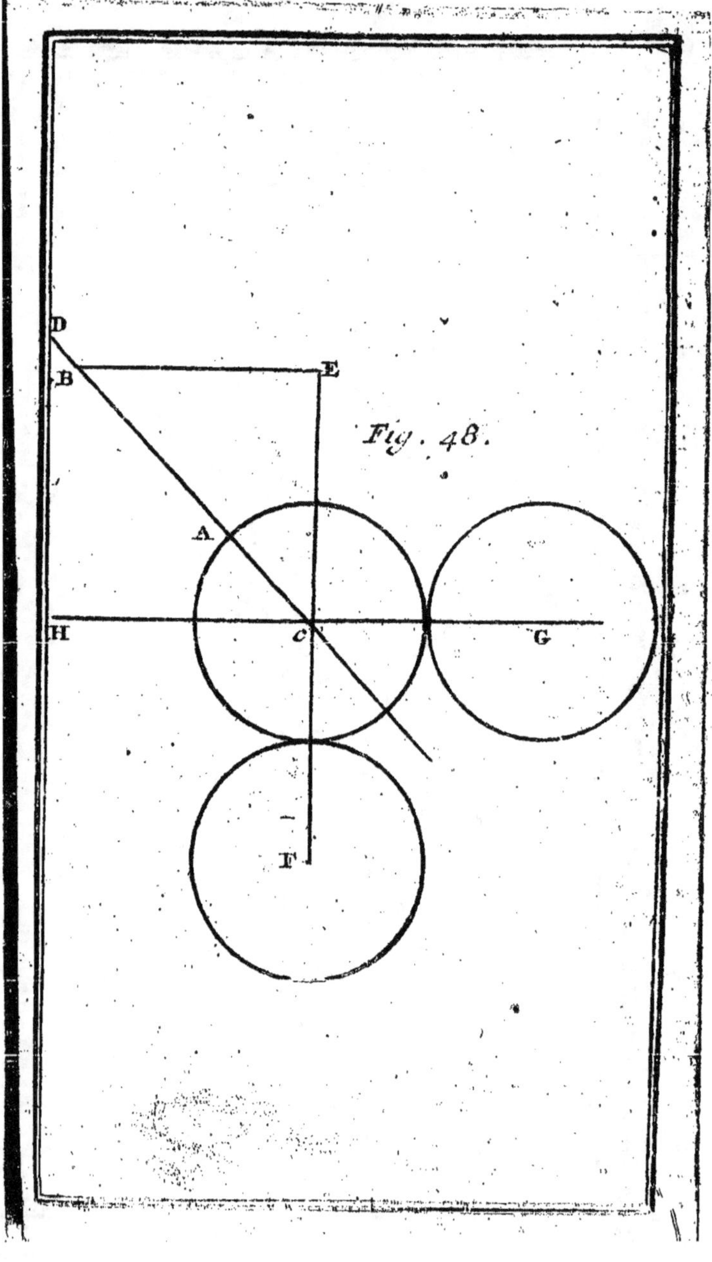

D
B
E
Fig. 48.
A
H
c
G
F

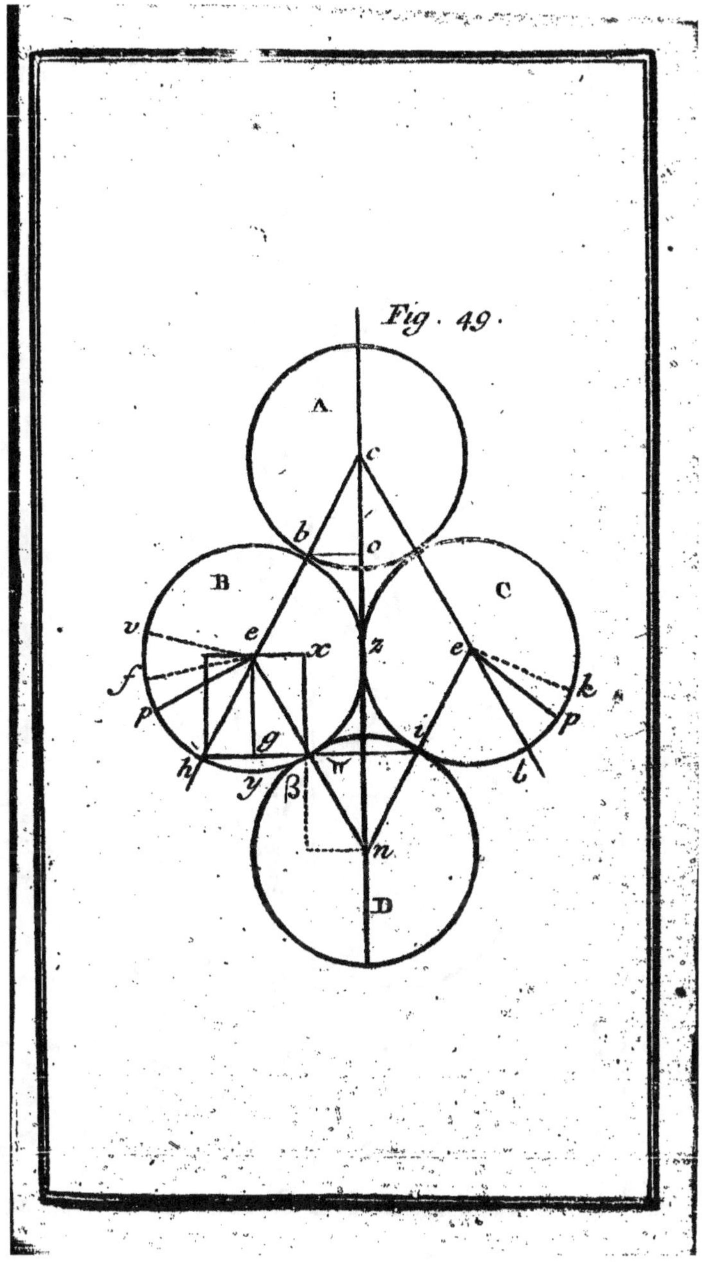

Fig. 49.
A
c
b
o
B
C
v
e
x
z
e
f
k
p
P
g
i
h
t
y
β
w
n
D

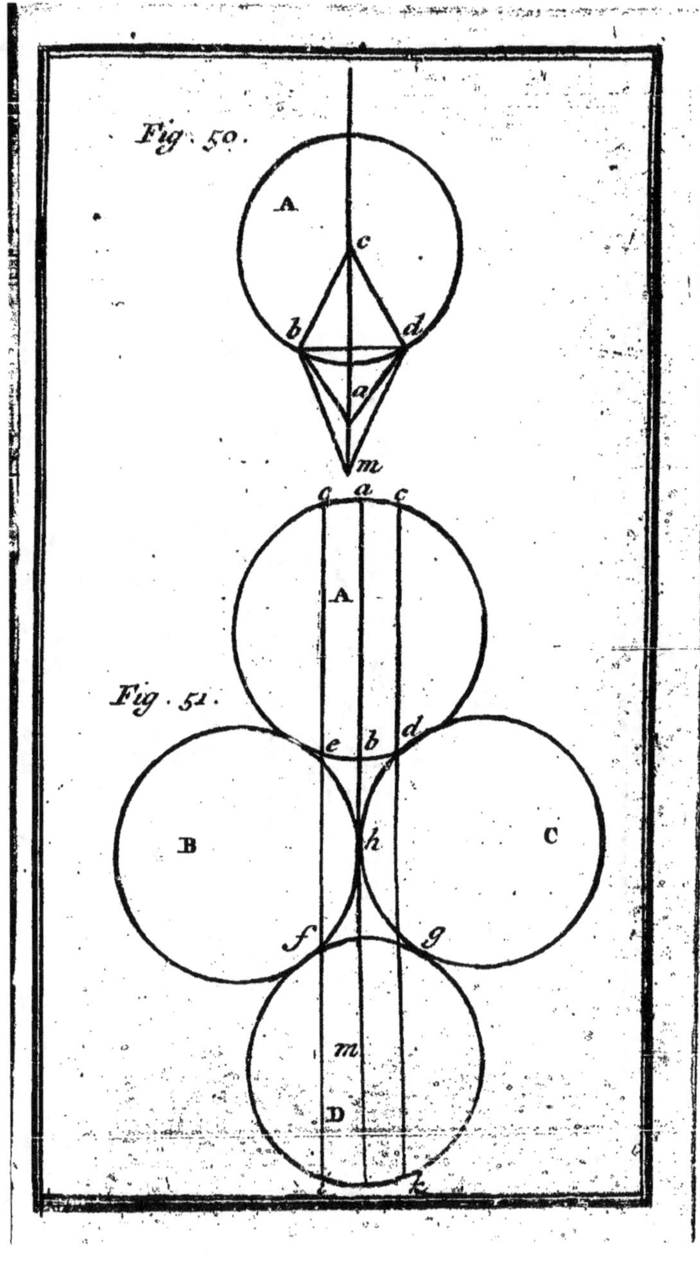

Fig. 50.

Fig. 51.